看视频学技术

西瓜病虫害防治与安全用药

主　编　袁培祥　霍玉娟

副主编　童金晖　杨　晖　王永军　张立荣

参　编　任　艳　黄继勇　崔学荣

陈　婧　程国峰　程志杰

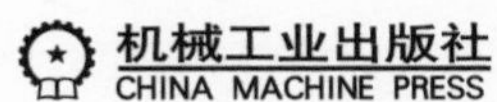

本书介绍了西瓜常见的26种病理性病害、18种生理性病害、27种主要虫害，病害部分分别从分布与危害、症状、病原、发生规律、发病原因和防治方法等几项内容进行详细介绍，虫害部分则分别介绍了分布与危害、症状、形态特征、发生规律和防治方法等几个方面。另外，书中穿插了“提示”“注意”小栏目，以及田间诊断视频，可以帮助广大瓜农更好地掌握西瓜病虫害防治技术要点。

本书适合广大西瓜种植户及相关技术人员使用，也可供农林院校相关专业师生参考。

图书在版编目（CIP）数据

看视频学技术：西瓜病虫害防治与安全用药 / 袁培祥，霍玉娟主编. — 北京：机械工业出版社，2021.9
ISBN 978-7-111-68922-5

Ⅰ.①看… Ⅱ.①袁… ②霍… Ⅲ.①西瓜－病虫害防治 ②西瓜－农业施用 Ⅳ.①S436.5

中国版本图书馆CIP数据核字（2021）第162249号

机械工业出版社（北京市百万庄大街22号 邮政编码100037）
策划编辑：高 伟 周晓伟　　责任编辑：高 伟 周晓伟
责任校对：王 欣　　责任印制：张 博
中教科（保定）印刷股份有限公司印刷

2021年9月第1版・第1次印刷
169mm × 230mm・8.5印张・136千字
0 001–3 000册
标准书号：ISBN 978-7-111-68922-5
定价：59.80元

电话服务　　网络服务
客服电话：010－88361066　　机 工 官 网：www. cmpbook. com
010－88379833　　机 工 官 博：weibo. com/cmp1952
010－68326294　　金 书 网：www. golden-book. com
封底无防伪标均为盗版　　机工教育服务网：www. cmpedu. com

改革开放以后，我国经济迅速发展，推动产业结构调整，经济作物种植面积大幅度增加，尤其是西瓜产业发展迅速，栽培形式多样，经济效益显著提高，种植西瓜成为许多农民增加收入的主要途径。从我国的实际情况看，从事西瓜生产的大部分是文化程度相对较低的农民，他们对西瓜生产中遇到的病虫害，尤其是疑难病害，很难做到准确诊断和有效防治，因此错过了最佳防治时期，造成西瓜大面积减产，这已经成为西瓜优质高产的最大限制因素。广大瓜农急需一些图文并茂、方便使用的西瓜病虫害防治图书来指导西瓜生产。

本书共介绍了西瓜生产中的44种病害、27种虫害，对一些常发生的重要病虫害，从其发生区域、症状、发生规律等方面进行了详细介绍；对部分不常见、危害不严重的病虫害，列出其症状和防治方法。为更好地方便瓜农使用，本书中每种病虫害都配有实物照片，使瓜农通过对照图片便能对各种病虫害做出正确的判断。在病虫害防治方面，除了农业防治方法、物理防治方法和生物防治方法外，本书重点介绍了采用化学防治方法时一些高效低毒、低残留新型农药的使用方法，引导瓜农进行西瓜无公害生产，减少农药的使用量和使用次数。本书是编者多年从事西瓜生产实践的经验总结，力求让瓜农在实际操作中更为有效。

需要说明的是，本书所用药物及其使用剂量仅供读者参考，不能照搬。在实际生产中，所用药物学名、通用名与实际商品名称存在差异，药物浓度也有所不同，建议读者在使用每一种药物之前，参阅厂家提供的产品说明以确认药物用量、用药方法、用药时间及禁忌等。

在本书编写过程中，参阅借鉴了许多专家学者的著作等资料，在此一并致以最诚挚的谢意！由于编者水平有限，书中疏漏与不足之处在所难免，敬请广大读者批评指正。

编　者

目 录

第三章　西瓜主要虫害

第四章　西瓜各生育期病虫害综合防治技术

第一章

西瓜主要病理性病害

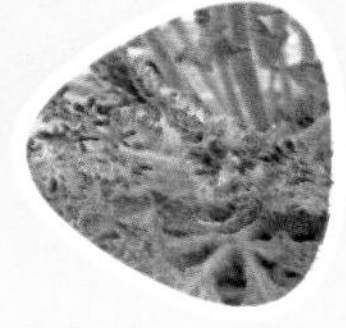

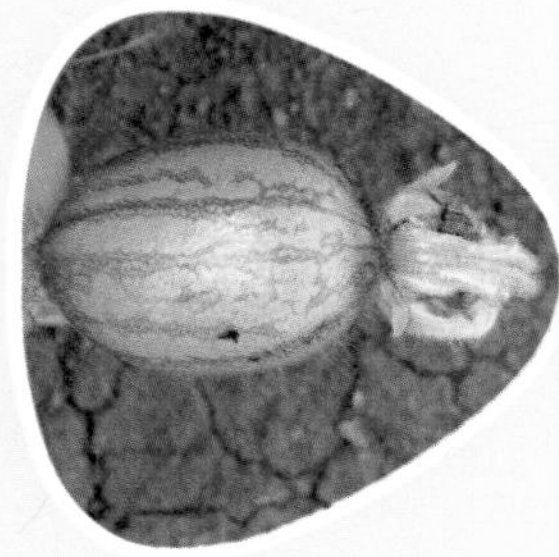

西瓜白粉病

分布与危害 西瓜白粉病俗称“白毛病”，是西瓜生长中后期常发生的病害，全国各西瓜产区均有发生。该病在南方春西瓜和秋西瓜上均可发生，以秋西瓜发生较重。在北方，露地西瓜在夏季发生，温室及塑料大棚等保护地西瓜全年都可发生。西瓜白粉病在西瓜整个生育期都可发生，但以生长中后期发生重，主要危害叶片。叶片受害后，变得枯黄，失去光合作用能力，造成产量下降，品质降低。发生严重时，病叶率达20%~35%，损失可达15%~40%。

症状 西瓜白粉病主要危害叶片，其次是叶柄和茎。发病初期叶面产生白色近圆形星状小粉点，以叶片正面居多（图1–1），当环境条件适宜时，病斑迅速扩大、增多，多个病斑连接成片，边缘不明显，上面布满白色粉末状霉层，严重时整个叶片正面布满白粉。病害逐渐由老叶向新叶和茎蔓蔓延（图1–2），叶背也会出现边缘不明显的白色粉斑（图1–3）。发病后期，白色霉层因菌丝老熟而变为灰色（图1–4），病叶枯黄、卷缩，一般不脱落。

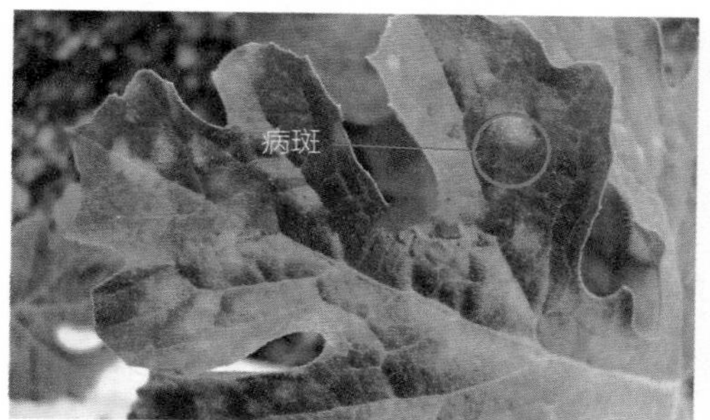

图1–1　西瓜白粉病初期叶片症状

图1–2　西瓜白粉病茎蔓症状

图1–3　西瓜白粉病叶背症状

图1–4　西瓜白粉病后期症状

提示

西瓜白粉病在诊断时重点查看叶片上的病斑——病斑上布满白粉，多呈“星状”，边界不清晰。

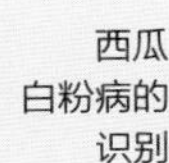

病原 病原菌为瓜类单囊壳和葫芦科白粉菌，均属子囊菌亚门真菌。有报道称，真菌子囊菌亚门专性寄生菌单丝壳白粉菌、二孢白粉菌及葎草单囊壳菌也能引起西瓜白粉病。菌丝体生于叶片两面，初为白色圆形斑，后扩展至全叶；分生孢子为腰鼓形或广椭圆形，串生；子囊果为球形，褐色或暗褐色，散生。

发生规律 在我国南方，可周年种植瓜果类作物，所以白粉病病原菌不存在越冬问题；在北方，病原菌以闭囊壳在病残体中，遗留于土壤表层或温室的瓜果类上越冬，成为第二年的初侵染源。病原菌以菌丝体或分生孢子在西瓜或其他瓜果类作物上繁殖，分生孢子借助气流或雨水传播落在寄主叶片上，利用先端产生的芽管和吸器从叶片侵入。菌丝体附生在叶片表面，从萌发到侵入需 24 小时，每天可长出 3~5 根菌丝，5 天后在侵染处形成白色菌丝丛状病斑，经 7 天成熟，形成分生孢子飞散传播，进行再次侵染。

发病原因 西瓜白粉病的发生和流行与温度、湿度及栽培管理有密切关系。高温干旱有利于分生孢子繁殖和病情扩展，尤其当高温干旱与高湿条件交替出现时，白粉病易流行。一般温度在 20~25℃时，病原菌分生孢子在 10~30 天内即可萌发。较高湿度条件下有利于分生孢子的萌发和侵染，在湿度大于 80%，多雨或浓雾露重的条件下，病害可迅速蔓延。在栽培管理上，种植过密，通风、透光不良；氮肥过多，植株徒长；土壤缺水，灌溉不及时，则病势发展快、病情重。灌水过多，湿度增大，地势低洼，排水不良，或靠近温室大棚等保护地的西瓜田，发病也严重。

● 防治方法

1）根据不同的栽培季节和栽培方式，选择适宜的抗病品种，是从根本上控制西瓜白粉病最经济有效的方法。

2）合理密植，合理整枝，适时摘除基部的老叶和病重叶，以利于通风、透光，降低田间湿度，减少病原菌重复侵染的概率。

3）合理轮作。该病发生严重的地块，可与禾本科作物实行 3~5 年轮作。

4）在发病初期每亩（1 亩≈666.7 米 ^{2}）可选用以下药剂对全株进行喷雾防治：25% 戊唑醇水乳剂 28~30 毫升，兑水 30 千克；250 克 / 升嘧菌酯悬浮剂 60~90 毫升，兑水 30~60 千克；10% 苯醚甲环唑水分散粒剂 66.7~83.3 克，兑水 30~50 千克；

12.5% 烯唑醇可湿性粉剂 32~64 克，兑水 30~50 千克。一般每隔 7~10 天喷 1 次，定期防治。

发病严重时，每亩可选择以下药剂对全株进行均匀喷雾：32.5% 苯甲・嘧菌酯悬浮剂 1000~1500 倍液； 40% 氟硅唑乳油 7.5~12.5 毫升，兑水 30~50 千克；42.4% 吡醚菌酰胺悬浮剂 10~20 毫升，兑水 50 千克；18.4% 环氟菌胺・氟菌唑水分散粒剂 50 克，兑水 50 千克；42.8% 氟吡菌酰胺・肟菌酯悬浮剂 10~20 毫升，兑水 30~60 千克。视病情每隔 7~10 天喷 1 次，连续防治 2~3 次，注意药剂交替使用。

保护地也可进行烟熏处理，可用 45% 百菌清烟熏剂 250 克 / 亩进行熏蒸，傍晚开始，熏蒸一夜，第二天清晨开棚通风。

西瓜白绢病

分布与危害 西瓜白绢病是西瓜的重要病害，全国各西瓜产区均有发生。在保护地、露地栽培中，以保护地栽培发病严重，可造成零星烂瓜或死蔓，在一定程度上影响西瓜生产，导致西瓜的产量和品质受损。

症状 西瓜白绢病主要侵害近地面的茎蔓和果实。茎蔓染病，多从茎基部（图 1–5）或贴地面茎蔓（图 1–6）开始发病，初期呈白色，随着病情的发展，在病部表面产生辐射状菌丝体，导致病株萎蔫或枯死，后期转变成茶褐色油菜籽状菌核。果实染病，病部初期呈灰褐色至红褐色坏死，表面产生绢丝状白色菌丝层（图 1–7），并进一步向四周辐射扩展，后期转变成红褐色至茶褐色油菜籽状菌核（图 1–8）。湿度较大时，病瓜腐烂，干燥时病瓜失水干腐。

图 1–5　西瓜白绢病茎基部发病症状

图 1–6　西瓜白绢病茎蔓发病症状

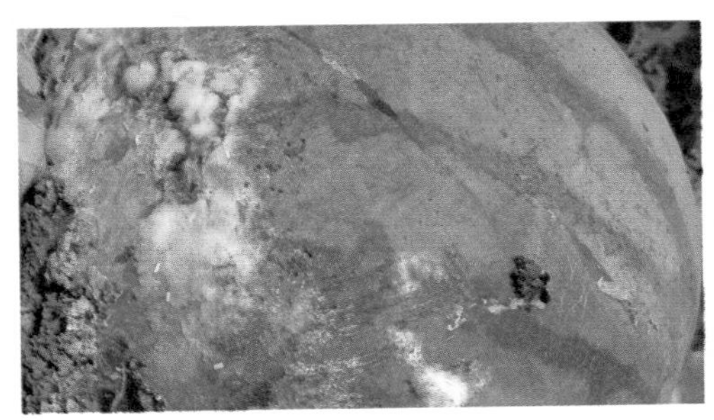

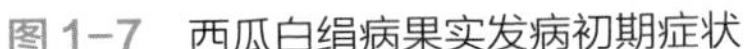

图 1-7　西瓜白绢病果实发病初期症状

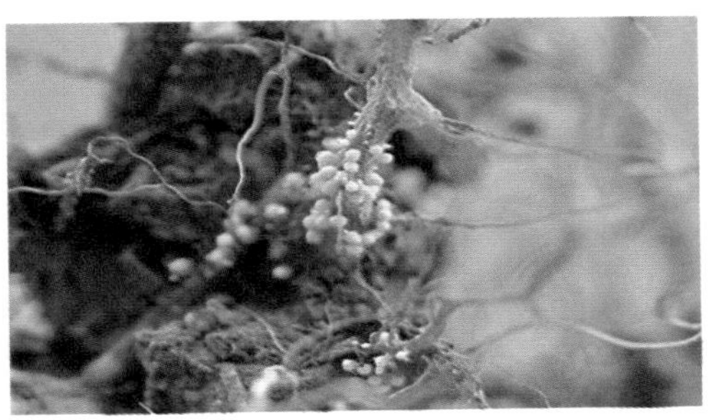

图 1-8　西瓜白绢病果实发病后期症状

提示

西瓜白绢病在诊断时重点查看发病部位和菌核的颜色。白绢病只发生在茎基部或与地面接触的茎蔓和果实，这是与菌核病的区别。

病原　病原菌为齐整小核菌，属半知菌亚门真菌。有报道称，其有性态为罗耳阿太菌。病原菌生长适宜温度为 8~40℃，发育适宜温度为 30~33℃，最高 40℃，最低 8℃。

发生规律　病原菌以菌核或菌丝体在土壤中越冬。条件适宜时菌核萌发产生菌丝，从植株茎基部或根部侵入，潜育期 3~10 天，出现中心病株后，地表菌丝向四周蔓延。

发病原因　该病随降雨量的增加而加重，属于潮湿天气易发病害。高温条件下时晴时雨利于菌核萌发。连作地、酸性土或砂性地发病重。

● 防治方法

1）拉秧后及时清除病残体并深翻土壤。

2）施用消石灰调节土壤酸碱度为中性。发现病株及时拔除，集中销毁。实行水旱轮作。

3）播种前，用 30% 萎锈 · 吡虫啉悬浮种衣剂 75~100 毫升 /10 千克种子进行拌种，可有效预防白绢病的发生。

4）发病初期，每亩可用 20% 噻呋酰胺可湿性粉剂 45~60 毫升，或 50% 异菌脲可湿性粉剂 15~20 克，或 80% 多菌灵可湿性粉剂 100~120 克，兑水 30 千克后搅拌均匀，进行喷雾防治。也可用哈茨木霉菌 0.4~0.45 千克加 50 千克细土，混匀后撒覆在病株基部，每亩 1 千克，均能有效地控制病害发展。

发病严重时，每亩可选用以下药剂进行全株喷雾防治：50% 腐霉利可湿性粉剂 60~80 克，兑水 30~50 千克；40% 异菌 · 氟啶胺悬浮剂 40~50 毫升，兑水 30~60 千克；

25% 咪鲜胺乳油 40~60 毫升，兑水 50 千克；50% 菌核·福美双可湿性粉剂 70~100 克，兑水 30 千克；50% 腐霉·多菌灵可湿性粉剂 80~90 克，兑水 30~50 千克。视病情每隔 7~10 天喷 1 次，连喷 3~4 次。

西瓜病毒病

分布与危害 西瓜病毒病俗称小叶病、花叶病，是西瓜生产中发生最普遍、危害最严重的病害之一，在保护地、露地栽培中均可发生，尤以夏秋露地栽培发病更多。一般病株率 10%~20%，严重的高达 50% 以上，甚至绝收，对产量造成极大的损失。

症状 西瓜病毒病在田间主要有花叶型和蕨叶型两种。

1）花叶型。初期顶部叶片出现黄绿镶嵌花纹，以后变为皱缩、畸形，叶片变小，叶面凹凸不平，新生茎蔓节间缩短，纤细扭曲，坐果少或不坐果（图 1–9）。

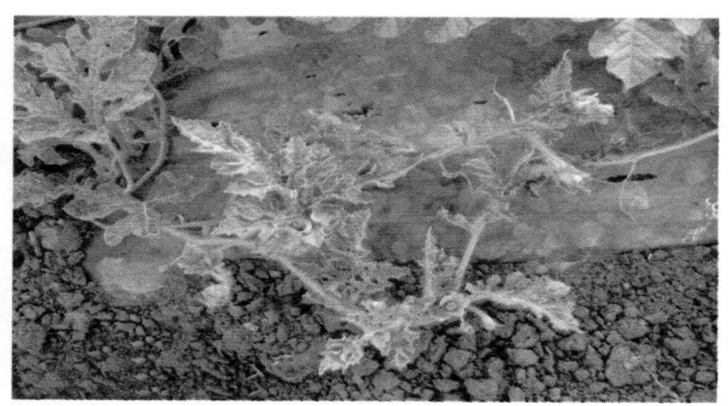

图 1–9　西瓜病毒病花叶型症状

2）蕨叶型。新生叶片变为狭长，皱缩扭曲，生长缓慢，植株矮化；有时顶部表现为簇生不长，花器发育不良，严重时不能坐果（图 1–10）。发病较晚的植株，果实发育不良，形成畸形瓜，也有的果面凹凸不平，果小，瓜瓤为暗褐色，对产量和质量影响很大。

图 1–10　西瓜病毒病蕨叶型症状

提示

西瓜病毒病在诊断时容易与冻害、缺硼等生理性病害混淆，但由缺硼引起的生长点变形，叶片一般不黄化。

西瓜病毒病的识别

病原 病原为西瓜花叶病毒（WMV）、黄瓜花叶病毒（CMV）、烟草花叶病毒（TMV）等。西瓜花叶病毒，病毒粒体为线状，钝化温度为60~65℃、10分钟，体外存活期为74~250小时，种子带毒率低。黄瓜花叶病毒，病毒粒体为球状，钝化温度为60~70℃、10分钟，体外存活期为3~4天，不耐干燥。烟草花叶病毒，病毒粒体为杆状，钝化温度为90~93℃、10分钟，体外存活期为72~96小时，在干燥病组织内可存活30年以上。

发生规律 病毒主要通过带毒种子、蚜虫（瓜蚜、桃蚜）和发病植株传播，也可通过摩擦传播。其中，蚜虫吸食发病植株汁液，再迁飞到无病植株上，短时间即可完成传毒，造成严重发生。

发病原因 1）高温、干旱、强日照。这些条件有利于蚜虫的繁殖或迁飞，也有利于病毒的增殖，缩短病毒的潜育期，增加了再次侵染的数量。同时，干旱降低了植物的抗病性，因而发病严重。

2）管理因素的影响。缺水、缺肥，管理粗放的发病较重。一般播种早、定植早的发病轻。瓜田杂草丛生，或瓜田附近种植了容易滋生蚜虫的蔬菜，如番茄、辣椒、甘蓝、萝卜、白菜、菠菜、芹菜等，发病较重。

防治方法

（1）农业防治

1）选用抗病品种。选用抗病品种是最有效的防治方法，生产中应根据地区和栽培方式，尽量选用抗病毒病能力强的品种进行栽培，从根本上控制病毒病的发生。

2）浸种消毒。播种或育苗前用55~60℃热水烫种20分钟，再用0.1%高锰酸钾溶液浸种30分钟，也可用10%磷酸三钠溶液浸种20分钟，再用清水洗净后播种。

3）覆盖防虫网。育苗和保护地栽培时，可用40~60目（孔径为250~425微米）防虫网覆盖，阻隔传毒害虫。

4）悬挂粘虫板。生产期间，在田间悬挂黄色粘虫板，可诱杀蚜虫、飞虱、叶蝉。附近作物蚜虫发生严重时可铺设银灰色薄膜，以减少蚜虫迁入。

5）加强水肥管理。施足基肥，增施磷钾肥，适当喷施叶面肥；注意防旱，适时适量浇水，促使植株生长加快、发育健壮，从而提高抗病力。

提示

西瓜病毒病重点在预防，做好传毒害虫的防治和人为传播的控制是关键。

（2）化学防治

1）药剂拌种。病毒病主要是由蚜虫、蓟马、白粉虱、烟粉虱等害虫传播，因此在播种前，用70%噻虫嗪悬浮种衣剂或60%吡虫啉悬浮种衣剂按照药种比1：200拌种，可有效防治苗期的传毒害虫，持效期可达整个苗期。

2）土壤处理。定植前，每亩用5%吡虫啉颗粒剂或5%噻虫嗪颗粒剂2~4千克、撒施或穴施，或每株用5%吡虫啉片剂1~2片、穴施，也可有效防治西瓜整个生育期的传毒害虫，持效期可达80~90天。

3）坐水移栽。移栽时，每株用60%吡虫啉悬浮种衣剂2000倍液或70%噻虫嗪种衣剂3000倍液400毫升，坐水定植，也可有效防治传毒害虫，持效期可达80~90天。

4）药剂防治。自幼苗期开始，用5%氨基寡糖素可溶性粉剂600倍液+50%烯啶虫胺可溶性粉剂4000倍液，或5%氨基寡糖素可溶性粉剂600倍液+50%吡蚜酮水分散粒剂2000倍液，或6%阿泰灵（3%氨基寡糖素+3%极细链格孢激活蛋白）+50%氟啶虫胺腈水分散粒剂4000倍液，3个配方交替使用，每隔10~15天喷洒1次，每月喷洒2~3次，直至喷洒到西瓜生长中后期，即可有效防止西瓜整个生育期病毒病的发生。

西瓜猝倒病

分布与危害 西瓜猝倒病是西瓜育苗期间常发生的一种病害，全国各西瓜产区均有发生，特别是在气温低、土壤湿度大时发病严重，可造成烂种、烂芽及幼苗猝倒，幼苗死亡率80%左右，直接影响成苗率。

症状 西瓜猝倒病主要危害西瓜未出土或刚出土不久的幼苗。种子发芽前受害，常造成烂种、烂芽。幼苗染病，发病初期，在幼苗茎基部或根茎部，出现黄色至黄褐色水渍状缢缩病斑，病斑迅速扩大，绕茎一周，茎基部溢缩，幼苗不能直立、猝倒，一拔即断（图1–11）。湿度大时，在病部或周围的土壤表面生出一层棉絮状白霉（图1–12）。

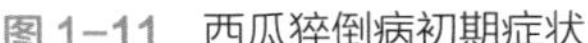
图 1-11 西瓜猝倒病初期症状

图 1-12 棉絮状白霉

提示

西瓜猝倒病的诊断重点是病苗倒伏，叶片不萎蔫，苗床湿度较大时容易发生。

病原 病原菌为瓜果腐霉菌，是鞭毛亚门属真菌。菌丝无色、无隔膜，老熟菌丝顶端着生不规则的圆筒状或手指状分枝的孢子囊；游动孢子为肾形，凹面有 2 根鞭毛；卵孢子为球形、光滑，藏卵器为球形，雄器为袋状或棒状。

发生规律 病原菌的腐生性很强，可在土壤中长期存活，以菌丝体和卵孢子在病株残体及土壤中越冬，第二年条件适宜时卵孢子萌发，先产生芽管，然后在芽管顶端膨大形成孢子囊及游动孢子。在土壤中营腐生生活的菌丝体也可产生游动孢子囊。病原菌以游动孢子侵染瓜苗引起猝倒，靠灌水或雨水冲溅传播。

发病原因 苗床通风不良、光照不足、湿度偏大、低温、高湿、土壤中含有机质多、施用未腐熟的粪肥等，均有利于该病的发生。

● 防治方法

1）育苗床应选择在地势较高、地下水位低、排水方便、多年未种植过蔬菜的地块建造。

2）提倡采用基质育苗，或选用多年未种植过瓜果类作物的无病新土、池塘土或稻田土作为营养土。

3）加强苗床管理。育苗时加铺地热线，缩短育苗期，避免苗床低温、高湿的环境条件出现。

4）药剂拌种。播种前，用 2.5% 咯菌腈悬浮种衣剂或 3% 苯醚甲环唑悬浮种衣剂 200~300 倍液进行拌种，可有效防治猝倒病的发生。

5）药剂防治。出苗后发病前，可用 75% 百菌清可湿性粉剂 800 倍液喷雾防治。发病初期，可用 72.2% 霜霉威盐酸盐水剂 600~800 倍液，或 68.75% 氟吡 · 霜霉威悬浮剂 800~1000 倍液，每隔 7 天喷 1 次，连喷 2 次。

西瓜黑点根腐病

分布与危害 西瓜黑点根腐病是一种土传根部病害，发生严重时，常造成植株枯死，产量损失 10%~25%，是西瓜的一种毁灭性病害。该病在全国各西瓜产区均有发生，寄主范围广，除了侵染西瓜外，还可侵染甜瓜、冬瓜等葫芦科作物。

症状 西瓜黑点根腐病一般发生在定植初期，移栽后 2~6 周根部出现症状。发病初期，地上部分并不表现出任何症状，地下二级根或次生根部分维管束变褐。随着病情的发展，大量根部腐烂，失去吸收养分、水分的能力，植株叶片黄化、死亡，藤蔓逐渐腐烂，植株呈萎凋状；拔出根部可见根系呈水浸状褐变枯死，须根脱落，在枯死的根上散生有很多小黑粒点，即病原菌的子囊壳（图 1–13）。

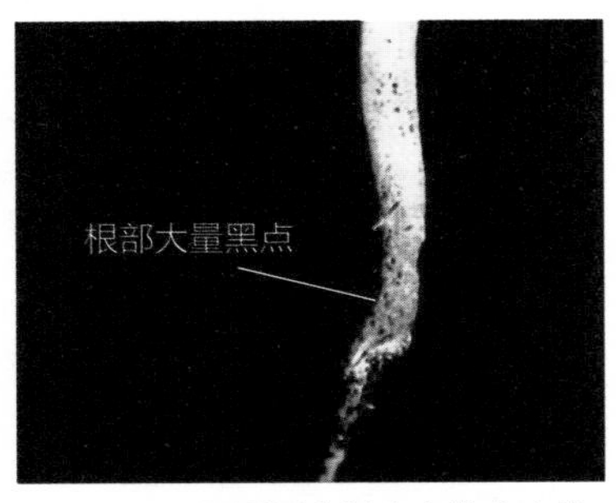

图 1–13　西瓜黑点根腐病发病症状

提示

西瓜黑点根腐病的诊断重点是发病植株根表面散生小黑点，这是区别于其他根腐病的典型症状。

病原 病原菌为坎诺单孢菌，属子囊菌亚门真菌。该菌在 5~30℃都能生长，菌丝生长最适温度为 30℃，子囊壳形成所需温度为 20~30℃，25℃最适。子囊初期为棍棒状，后变为卵形，初期子囊内生有 2 个子囊孢子，大都只有 1 个能继续发育；子囊孢子为球形，未成熟时无色至褐色，成熟后为黑色，每个子囊壳里生有子囊孢子 11~61 个。

发生规律 病原菌以子囊壳随病残体在土壤中越冬，温度适宜时，子囊壳成熟破裂，向土壤中释放几百个子囊孢子。子囊孢子在西瓜根系周围萌发形成芽管，芽管自根部表皮侵入造成次生根发病，大根上则出现病斑。侵入木质部后在木质部内形成大量侵填体，症状类似于枯萎病。

病原菌主要靠农事操作、流水、风、作物残体和带菌土壤在田间传播蔓延，但由于子囊体体积大，缺少无性孢子，子囊孢子很难在空中传播。土温 25~35℃有利于发病，特别是西瓜生长早期的土壤温度的影响最大。夏秋季或秋季播种的西瓜更容易发病，当根茎维管束组织被大量侵填体堵塞时，茎蔓会很快凋萎。

防治方法

1）选用抗病、耐湿性品种，是防治该病最经济有效的方法。

2）清洁田园。在西瓜收获后，及时销毁作物残体，可以大大降低土壤中病原菌的数量，降低感染机会。

3）采用配方施肥技术，施用酵素菌沤制的堆肥或充分腐熟的有机肥。

4）嫁接栽培。利用南瓜和葫芦根系发达，可以抵御黑点根腐病病菌侵入的特点，采用南瓜或葫芦作为砧木，既可以有效防治黑点根腐病的发生，还能兼治枯萎病。

5）药剂防治。播种前选择以下药剂进行拌种：2.5% 咯菌腈悬浮种衣剂，药种比为 1 ：(250~300)；62.5 克 / 升精甲 · 咯菌腈悬浮种衣剂，药种比为 1 ：(250~333)；11% 精甲 · 咯 · 嘧菌悬浮种衣剂，药种比为 (2.27~4.54) ： 1000；25% 噻虫 · 咯 · 霜灵悬浮种衣剂，药种比为 (3~7) ：1000。按照播种量，量取推荐用量的药剂，加入适量水稀释并搅拌均匀成药浆，然后将药剂与种子充分搅拌，直至药剂均匀、充分地包裹在种子表面，在阴凉处晾干后催芽播种，可有效预防西瓜黑点根腐病的发生。

移栽时，用 2.5% 咯菌腈悬浮种衣剂 2000 倍液进行灌根，可有效预防该病的发生。在发病初期，也可选用 2% 申嗪霉素 500 倍液灌根，视病情每隔 7~10 天灌 1 次，连灌 2~3 次。

西瓜疫霉根腐病

分布与危害 西瓜疫霉根腐病是西瓜的常见病害，在全国各西瓜产区均有发生，长江三角洲西瓜产区尤为严重。该病有发生速度快、危害重、损失大等特点，如若防治不及时会造成死苗等现象，严重影响西瓜生产。

症状 西瓜疫霉根腐病主要危害西瓜根部和茎基茎部，很少危害上部的茎蔓。一般在定植后开始发病，初期呈水浸状，后呈浅褐色至深褐色腐烂，病部缢缩不明显，腐烂处的维管束变褐，不向上发展（图 1–14）。中期病部往往变糟，只留下丝状维管束（图 1–15）。初期病株地上部蔓尖微卷上翘，生长缓慢，后期叶片中午萎蔫，早晚尚能恢复，严重的则多数不能恢复而枯死（图 1–16）。

图 1-14　西瓜疫霉根腐病初期症状

图 1-15　西瓜疫霉根腐病中期症状

图 1-16　西瓜疫霉根腐病后期症状

提示

西瓜根腐病的诊断重点是根部湿度大，出现腐烂，维管束变褐，但不会向上发展，这是与枯萎病最明显的区别。

病原　病原菌属半知菌亚门真菌。大型分生孢子为梭形或肾形，无色，透明，两端较钝，有隔膜 2~4 个，以 3 个居多；小型分生孢子为椭圆形至卵形，有隔 0~1 个。

发生规律　病原菌以菌丝体、厚垣孢子或菌核在土壤中及病残体中越冬。厚垣孢子可在土壤中存活 5~6 年甚至长达 10 年，成为主要侵染源。病原菌从根部伤口侵入后在病部产生分生孢子，借雨水或灌溉水传播蔓延，进行再侵染。保护地栽培的西瓜一般在 2 月上中旬开始发病，3 月上中旬为发病盛期，露地栽培的西瓜一般 4 月下旬 ~5 月上旬为始发期，5 月下旬为发病盛期。

发病原因　晴天、少雨，该病发病轻，阴雨天或浇水后，病害发展快且危害严重；连作地、低洼地、黏土地或下水头地发病严重。根结线虫病发生严重的地块，根腐病发生也严重。

防治方法

1）选用耐寒和耐湿性好的西瓜品种，有条件的与十字花科、百合科作物实行3~5年轮作。

2）采用高畦栽培。认真平整土地，防止大水漫灌及雨后田间积水，苗期发病要及时松土，增强土壤透气性。避免高湿条件出现，可减少发病。

3）用南瓜或葫芦进行嫁接栽培，可提高根系的耐低温能力和抗病能力。

4）发病初期，可用70%甲基托布津可湿性粉剂600倍液，或14%络氨铜水剂300倍液，或54.5%噁霉·福可湿性粉剂700倍液等药剂进行喷雾和灌根；发病严重时，可用50%异菌脲可湿性粉剂1000倍液，或1%申嗪霉素悬浮剂500倍液进行灌根，效果很好。

西瓜根结线虫病

分布与危害 西瓜根结线虫病是西瓜的主要病害之一，全国各西瓜产区均有发生，以保护地栽培发生最为严重。据调查，连续种植3年以上的地块，病株率达38%，一般减产20%~30%，严重的减产50%以上。目前，该病已经成为限制西瓜生产的主要因素。

症状 1）苗期染病。病苗叶色变浅，叶缘枯黄，严重时死苗；幼苗根部产生浅黄色大小不等的根结（图1–17）。

图1–17 西瓜根结线虫病苗期症状

2）成株期染病。此期主要危害根部。受害后，根部发育不良，根系少，侧根和须根上形成大小不等的瘤状物，有时串生。新生根结初期呈白色，有茸毛，后期变为褐色，且结成大块，表面较粗糙（图1–18）。解剖根结，可见病部组织有乳白色线虫。发病轻的植株症状不明显，只有少数叶片变小，坐不住瓜；发病重的植株缓苗慢，不易长新藤，植株叶片明显缩小、发黄，瓜少而小，且多为畸形瓜，植株中午萎蔫，早晚可恢复，最后青枯死失去商品价值。

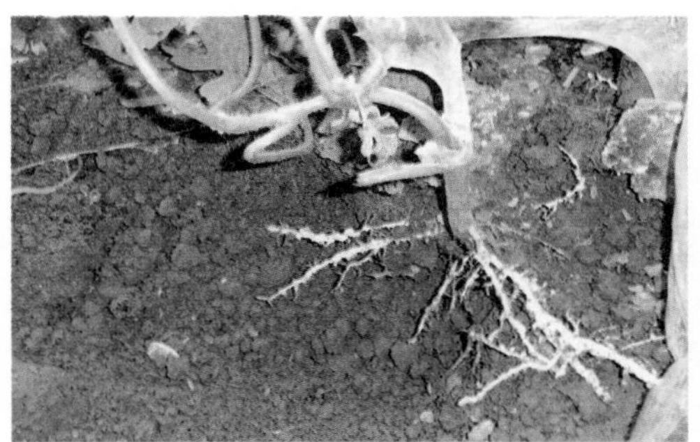

图 1-18　西瓜根结线虫病成株期症状

提示

西瓜根结线虫病的诊断重点看根系上是否有大小不等的瘤状物。

西瓜根结线虫病的识别

病原　危害西瓜的根结线虫为南方根结线虫，属动物界线虫门，雌雄异形。雄虫细长，虫体透明，交合刺细长，末端尖，弯曲成弓状。2 龄幼虫长 375 微米，尾长 32 微米，头部渐细锐圆，尾尖渐尖，中间体段为柱形（图 1-19）。雌虫体白，呈卵圆形或鸭梨形，体形不对称，颈部通常向腹面弯曲，排泄孔位于口针基部球处，会阴花纹呈卵圆形或椭圆形，背弓纹明显高，弓顶平或稍圆，背纹紧密或稀疏，由平滑到波浪形的线纹组成，一些线纹向侧面分叉，但无明显侧线，无翼，无刻点，腹纹较平或圆，光滑（图 1-20）。

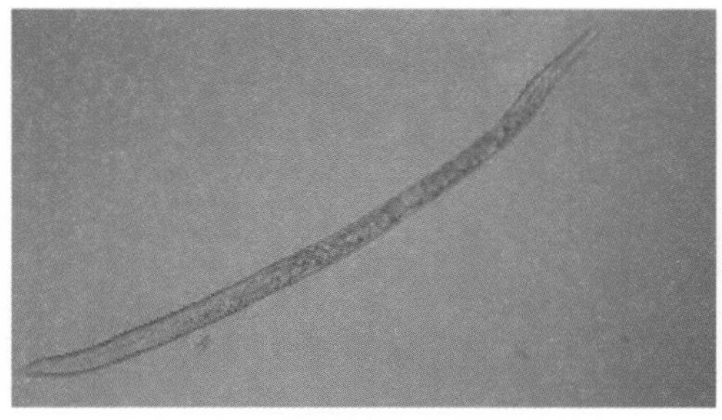

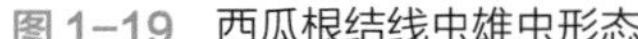
图 1-19　西瓜根结线虫雄虫形态

图 1-20　西瓜根结线虫雌虫形态

发生规律　根结线虫主要分布在 3~20 厘米的土层内，尤其以 3~9 厘米的土层内最多。该虫以卵或 2 龄幼虫在病残体和土壤中越冬，第二年春季条件适宜时，越冬卵孵化为幼虫，雌虫产出单细胞的卵，经几小时形成 1 龄幼虫，脱皮后形成 2 龄幼虫，便离开卵块向根尖移动，由根尖上方侵入生长锥内，其分泌物刺激导管细胞膨大，使根形成巨型细胞或虫瘿，产生新的根结或肿瘤。

发病原因 给田块施肥，基本上以未腐熟有机肥为主，且直接表施于根际周围的，发病最严重；周围为水稻田，田间含水量较高，适于线虫繁殖和侵染；土壤湿度高，部分根系生长不良，根系伤口增多，利于根结线虫侵入危害；土壤温度为20~30℃，土壤含水量为40%~70%时，最适于线虫繁殖和侵染。土壤温度低于10℃或高于40℃时，幼虫停止活动，55℃经10分钟便会死亡。

防治方法

1）合理轮作。根结线虫病属于土壤病害，传播途径广，一旦土壤被其污染，就很难清除。对病田实行与禾本科作物2~3年轮作，或改种甜椒、大葱、蒜、韭菜等抗（耐）病蔬菜，可降低土壤中线虫数量，控制或减轻对下茬西瓜的危害。

2）培育无病壮苗。在无病区或选用无病土育苗，或采用基质营养盘育苗。

3）加强栽培管理。施足充分腐熟的有机肥作为底肥，合理进行追肥和浇水，加强田间管理，增强植株抗病能力。收获后，彻底清洁田园，把病残体集中烧毁或深埋。对土壤深翻25厘米以上，把线虫翻入底层或暴露于地表，可消灭部分线虫。

4）高温土壤杀虫。在夏季6月底~8月，春棚西瓜拉秧后，清除残株、杂草，耕翻耙平后，灌水、覆盖地膜。然后密闭塑料大棚，使棚温达到50~60℃，20厘米地温达40℃以上，持续15天可杀死大部分线虫，并可兼治其他土传病害。

5）土壤药剂处理。过去使用的杀线虫的化学农药，多数对环境污染较重，对人畜环境不安全，现在大多已被禁用。近年来出现一些绿色、环保、高效低毒的生物农药，防效较好。

在西瓜育苗和定植前，可用以下药剂进行土壤处理：0.5%阿维菌素颗粒剂3000~4000克/亩，与适量细土拌匀后穴施、撒施或沟施；淡紫拟青霉颗粒剂（每克含5亿活孢子）3~5千克/亩与适量细土拌匀后穴施、撒施或沟施；15%噻唑膦颗粒剂1170~1330克/亩，穴施或沟施；淡紫拟青霉粉剂（每克含2亿活孢子）1.5~2千克/亩，穴施。

6）药剂灌根。在西瓜生长期间发现根结线虫病病株，要及时清除病残体，并用药剂灌根。首选41.7%氟吡菌酰胺悬浮剂0.012~0.015克/株，每株灌400~500毫升；也可用10亿CFU/毫升蜡质芽孢杆菌悬浮剂4.5~6升/亩，每株灌300~400毫升；或1.8%阿维菌素乳油1500倍液，每株灌250~300毫升；或25%阿维·丁硫水乳剂1000~2000倍液，每株灌400~500毫升。视病情每隔7~10天灌1次，连续灌3~4次，可有效控制线虫危害。

西瓜褐色腐败病

分布与危害 西瓜褐色腐败病是西瓜栽培中常见的一种病害，随着棚室种植面积的增加，该病的发生面积也逐年增加，已成为部分生产区的主要病害。如不及时防治就会导致西瓜严重减产，同时也会影响西瓜的商品性。

症状 西瓜褐色腐败病，主要危害果实，也可危害茎蔓。茎部染病，蔓的先端最易被侵染，病部出现暗褐色纺锤形水浸状斑，病情扩展快，茎变细并产生灰白色霉层，导致病部枯死（图 1–21）。果实染病，初期产生水渍状暗绿色病斑，随着病情的发展，病果迅速软化腐烂（图 1–22）。空气潮湿时，在病斑表面形成白色紧密的天鹅绒状菌丝层，即病菌的孢囊梗。该病扩展迅速，即使很大的西瓜，也会在 2~3 天腐败，损失严重。

图 1–21 西瓜褐色腐败病茎蔓发病症状

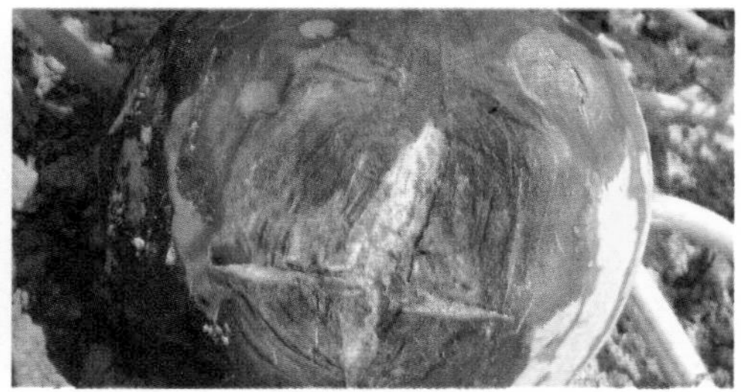

图 1–22 西瓜褐色腐败病果实发病症状

病原 病原菌为辣椒疫霉菌，属鞭毛菌亚门真菌。病原菌菌丝较稀疏，无分隔，无色透明，直径为 3.7 微米，培养 4 天后产生椭圆形或卵形游动孢子囊，大小为 38 微米 ×17.8 微米，内含大量游动孢子，游动孢子囊多具有 1 个乳突，个别的有 2 个；游动孢子为卵形或圆形，直径为 4.1 微米；厚垣孢子多在菌丝的中部形成，近圆形，直径为 24.1 微米。

发生规律 南方温暖地区病原菌以卵孢子、厚垣孢子在病残体、土壤或种子上越冬，北方地区病原菌以分生孢子器随病残体在土壤中或田间草丛中越冬，第二年条件适宜时，从孢子器内释放出分生孢子，越冬后的病原菌经雨水飞溅或灌溉水传到茎基部或近地面果实上，引起发病。重复侵染主要来自病部产生的孢子囊，借雨水传播。病原菌萌发侵入后引致初侵染和再侵染。西瓜植株受冻、缺肥及运输贮藏过程中果皮擦伤易诱发该病。

发病原因 在温度为 25~30℃，相对湿度高于 85% 时发病最为严重。一般雨季或大雨后天气突然转晴，气温急剧上升，病害易流行。土壤湿度在 95% 以上，持续 4~6 小时，病菌即完成侵染，2~3 天就可完成 1 代。易积水的菜地，定植过密，通风、透光不良时发病严重。

防治方法

1）选择耐湿、抗病品种，是防治该病最有效的方法。可根据不同的栽培季节和栽培方式选择适宜的抗病、耐湿性较好的品种。

2）发生严重地块，可实行轮作。与禾本科等非瓜果类作物进行 2 年以上的轮作，可大大降低土壤中的初侵染病原，减轻发病程度。

3）加强田间管理，严防大水漫灌。露地栽培时，夏秋季降雨后及时排水，防止田间长时间积水。

4）收获后清除病残体，及时翻地，减少病源；及时排水，施用充分腐熟有机肥，采用配方施肥技术，注意田间通风降湿。

5）药剂防治。西瓜褐色腐败病主要危害果实，因此，应以预防为主。发病前，可选用 25% 嘧菌酯悬浮剂 1500 倍液、20% 吡唑醚菌酯水分散粒剂 800~1000 倍液、70% 甲基硫菌灵可湿性粉剂 800~1000 倍液、80% 代森锰锌可湿性粉剂 600~800 倍液或 3% 多抗霉素可湿性粉剂 300~500 倍液等药剂，一般每隔 7 天喷 1 次，几种药剂交替使用，定期防治。

发病初期，可选择以下药剂进行防治：68.75% 氟吡・霜霉威盐酸盐悬浮剂 800~1200 倍液、66.8% 丙森・异丙菌胺可湿性粉剂 600~800 倍液、57% 烯酰・丙森锌水分散粒剂 2000~3000 倍液、47% 烯酰・唑嘧菌悬浮剂 800~1000 倍液或 18.7% 烯酰・吡唑酯水分散粒剂 600~800 倍液，视病情每隔 7~10 天喷 1 次，连喷 2~3 次。

棚室栽培的，可选用烟雾法防治。在发病初期，每亩用 45% 百菌清烟剂 200~250 克，分放在棚内 4~5 处，发烟时闭棚，熏一夜，第二天早晨通风，隔 7 天熏 1 次。

西瓜黑斑病

分布与危害 西瓜黑斑病是西瓜生产上的一种常见病害，分布十分广泛。该病主要危害叶片和果实，造成叶片枯死、果实腐烂。一般年份，发病率为 10%~30%，严重时可达 80% 以上，造成大量叶片枯萎，丧失光合作用，显著影响西瓜产量和品质。

症状 叶片染病时，初生水浸状小斑点，分布在叶缘或叶脉间，后扩展为圆形至近圆形暗褐色病斑，边缘稍隆起，病健交界处明显，上有不太明显的轮纹（图 1–23）。发病严重时，病斑迅速融合为大病斑，造成叶片枯萎（图 1–24），但茎蔓不枯死，有别于西瓜蔓枯病和枯萎病。果实染病时，果实表面初生水渍状暗色斑，后扩展成凹陷斑，引起果实腐烂。湿度大时，在病部长出稀疏的黑色霉层，即病原菌子实体。

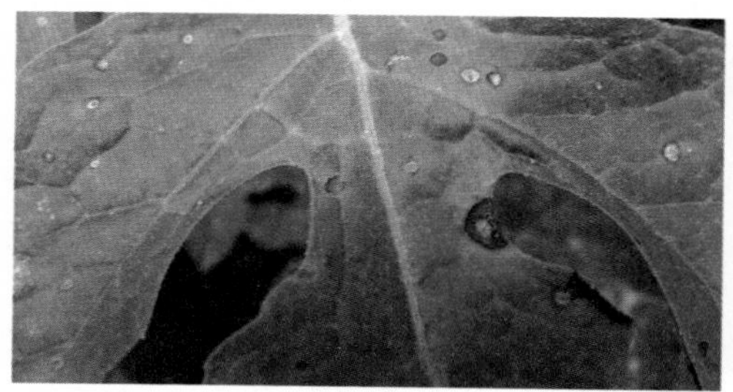
图 1–23　西瓜黑斑病初期症状

图 1–24　西瓜褐色腐败病后期症状

提示

西瓜黑斑病的诊断重点是该病危害叶片时，大病斑多在边缘，很少危害茎蔓，即使受害也不会枯死，有别于西瓜蔓枯病和枯萎病。

西瓜
黑斑病的
识别

病原 病原菌为细交链孢菌，属半知菌亚门真菌。分生孢子梗单生、直立，不分枝或偶有分枝，浅褐色至橄榄褐色，有的上部色浅，基部细胞稍大，有隔膜 1~4 个。分生孢子形状差异较大，为椭圆形至圆筒形或倒棍棒形至倒梨形或卵形至肾形，浅褐色至暗褐色，5~10 个串生，无喙或有短喙，喙长不长于孢身长的 1/3，孢身有横隔膜 1~9 个、纵隔膜 1~6 个，分隔处溢缩，生长发育的最适温度为 25~31℃。分生孢子在 5~40℃间都能萌发，最适温度为 15~30℃。

发生规律 西瓜黑斑病病原菌以菌丝体随病残体在土壤中或种子上越冬，第二年春季西瓜播种出苗后，遇适宜温度、湿度时，借风雨传播即可进行侵染。菌丝体感染叶片，自病部产生分生孢子，通过风雨传播，进行多次重复侵染，引起病害不断发展蔓延。

发病原因 病害发生程度与湿度密切相关，降雨早而多的年份，发病早而重。低洼积水处、通风不良、光照不足、水肥不当等都有利于发病。

防治方法

1）选用适宜当地栽培的耐病品种。

2）田间发现的病叶要及时清除，并集中深埋或烧毁。露地栽培的西瓜在雨后要特别注意开沟排水，防止湿气滞留。

3）药剂防治。在发病前或发病初期每亩可选择以下药剂进行喷雾防治：25% 嘧菌酯悬浮剂 40~60 毫升、10% 苯醚甲环唑水分散粒剂 42.5~50 克、50% 异菌脲可湿性粉剂 130~170 克、70% 苯甲·咪鲜胺水分散粒剂 8~10 克或 25% 咪鲜胺乳油 15~20 毫升等，兑水 30~50 升。视病情每隔 7~10 天喷 1 次，连续 2~3 次。

西瓜花腐病

分布与危害 花腐病是我国南方西瓜产区的主要病害之一，尤其是西瓜结果期遇高温多雨天气时发病严重，大量幼果被害，对西瓜产量造成较大影响。

症状 该病主要危害幼果脐部尚未脱落的残花。发病初期，病原菌侵染残花（图 1–25），随着病情发展，病原菌向上蔓延感染幼果。幼果发病初期，脐部呈水渍状软腐，严重时出现全果腐烂，湿度大时自病部长出灰白色毛状物，在毛状物中间可见黑色点状物，即病原菌的菌丝、孢囊梗及孢子囊。空气干燥时，病果外部变为褐色（图 1–26）。

图 1–25 西瓜花腐病初期症状

图 1–26 西瓜花腐病病果

提示

西瓜花腐病很容易与灰霉病混淆，两者的最大区别是花腐病只感染残花和幼瓜，灰霉病还会感染叶片。

病原 病原菌为瓜笄霉，属接合菌亚门真菌。分生孢子梗不分枝，直立在寄主病部表面上，长 3~6 毫米，无色、无隔，端部宽、基部渐狭，顶端产生头状膨大的孢子囊，其上又生小枝，小枝末端又膨大为小孢子囊，后又生小梗，顶端生出孢子。分生孢子为单胞，柠檬状或梭形，褐色或棕褐色，表面有纵纹。

发生规律 西瓜花腐病病原菌以菌丝体及接合孢子随病残体在土壤中越冬，第二年春季条件适宜时产生孢子囊和孢囊孢子，借风雨传播，侵染西瓜、甜瓜等，引起花、果腐烂，在病花、病果表面产生大量孢子囊和孢囊孢子，对西瓜花和果实进行多次重复侵染，导致该病在田间不断扩展。

发病原因 西瓜花期、幼果期遇高温多雨或雨后湿气滞留，常引起该病严重发生。

防治方法

1）与非瓜果类作物进行 2~3 年轮作，水旱轮作效果更好。

2）加强田间管理。及时摘除病花、病果；雨后及时排水，尽量降低田间湿度；合理施肥，增强抗病能力。

3）药剂防治。发病前，可用 75% 百菌清可湿性粉剂 600~800 倍液进行喷雾预防。发病重的地区于始花期喷洒 80% 乙蒜素乳油 4000 倍液，或 64% 噁霜・锰锌可湿性粉剂 400~500 倍液，或 72% 霜脲・锰锌可湿性粉剂 800 倍液，或 47% 春雷・王铜（加瑞农）可湿性粉剂 800~1000 倍液。保护地栽培时，也可用烟剂防治，即每亩用 45% 百菌清 250 克，分放 4~5 处，点燃熏烟，熏一夜，第二天通风，防治效果突出。

西瓜菌核病

分布与危害 西瓜菌核病是西瓜保护地栽培中常发生的一种病害，全国各西瓜产区均有发生，主要危害茎蔓和果实，如果防治不力，可造成大量植株死亡，出现严重减产。

症状 1）叶片染病。初期呈水浸状灰褐色湿腐状病斑，随着病情发展，病斑逐渐扩大，多具有或明或暗的轮纹。湿度大时病斑上着生白色絮状物，叶片腐烂；干旱时病叶病斑易破碎。

2）茎蔓染病。多发生于茎基部或瓜蔓分枝处或叶柄处，初生水渍状暗绿色病斑，后扩展成浅褐色大斑，造成茎基部软腐或纵裂，病茎以上部分枯死（图 1–27）。湿度大时在病部着生白色絮状菌丝体（图 1–28），菌丝生长后形成菌核。

图 1-27 西瓜菌核病病茎后期症状

图 1-28 西瓜菌核病病茎上着生菌丝体

3）果实染病。多在幼瓜的花蒂处初生水浸状斑点，扩大后呈暗绿色圆形湿腐状，病斑表面密生白色絮状菌丝（图 1-29），后期病部出现大小不等的灰褐色菌核（图 1-30）。

图 1-29 西瓜菌核病果实染病初期症状

图 1-30 西瓜菌核病果实染病后期症状

提示

西瓜菌核病的诊断重点是病斑上会有像鼠粪一样的菌核，这是与西瓜绵疫病的最大区别。

西瓜菌核病的识别

病原 病原菌为核盘菌，属子囊菌亚门真菌。菌核为长圆形或不规则形，初为白色，后表面变为黑色鼠粪状。菌核萌发时产生子囊盘，初期为肉色杯状，展开后呈盘状或扁平状。子囊盘直径为 2.0~7.5 毫米，黄褐色，有柄。子囊呈棒状，无色，内含 8 个子囊孢子。子囊孢子为椭圆形，单胞，无色，侧丝丝状。0~35℃范围内菌丝能生长，菌丝生长及菌核形成的最适温度为 20℃，最高温度为 35℃，50℃经 5 分钟可致死。

发生规律 病原菌主要以菌核在土壤或种子中越冬，混在种子中的菌核，随播种带病种子进入田间传播蔓延。这些菌核也可在寄主病残体上越冬，第二年春季条件适宜时萌发产生子囊盘，释放子囊孢子，子囊孢子借气流和雨水传播，危害西瓜幼苗和棚室内的西瓜植株。子囊孢子侵入后长出白色菌丝，开始危害柱头或幼瓜，恶化后又形成菌核落入土壤中或混杂于种子中，并以这种方式进行重复侵染。

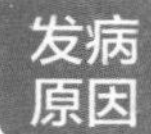

1）低温、高湿的环境条件下发病严重。该病发生的适宜温度为15~20℃，相对湿度在85%以上，即棚内低温、高湿有利于发病。

2）连年种植瓜果类、茄果类、十字花科作物的田块，发病严重。

3）地势低洼、土质黏重、排水不良、植株过密、通风与透光不良、偏施氮肥等，可加重病害的发生。

防治方法

1）实行轮作。与禾本科作物实行2年以上轮作或水旱轮作，南方瓜区可利用晚稻后茬种植西瓜。

2）种子处理。播种前，可用2.5%咯菌腈悬浮种衣剂按照药种比1∶200进行拌种，确保种子表面无病（菌）。

3）加强田间管理。合理密植；防止棚室温度偏低、湿度过高；增施磷钾肥，严格控制氮肥用量。

4）药剂防治。发病初期，每亩可用40%菌核净可湿性粉剂100~150克或50%啶酰菌胺水分散粒剂30~50克，兑水30~50千克进行喷雾防治，每隔7天左右喷1次，连喷2~3次。保护地栽培时，在发病初期进行烟剂防治，每个棚室可用15%腐霉·百菌清烟剂250克，7~10天熏1次，连熏2~3次。

西瓜枯萎病

分布与危害 西瓜枯萎病又叫“蔓割病”“萎蔫病”“死秧病”等，是西瓜生产上危害严重的病害之一，尤以重茬老菜区为重，一般减产20%~50%，重者绝收，是目前限制西瓜发展最重要的因素。

症状 全生育期均能发病，以伸蔓期至开花坐果期发病最为严重。

1）幼苗染病。苗期发病后幼苗茎基部变褐缢缩，子叶和幼叶萎蔫下垂（图1-31），随后幼苗全株瘫软倒伏，发病后1天即可死亡（图1-32）。

2）叶片染病。发病初期，叶片从茎基部向前逐渐萎蔫，似缺水状，中午尤为明显，但早晚可恢复（图1-33），3~6天后，整株叶片枯萎下垂，不能复原（图1-34）。

图 1–31　西瓜枯萎病幼苗初期症状

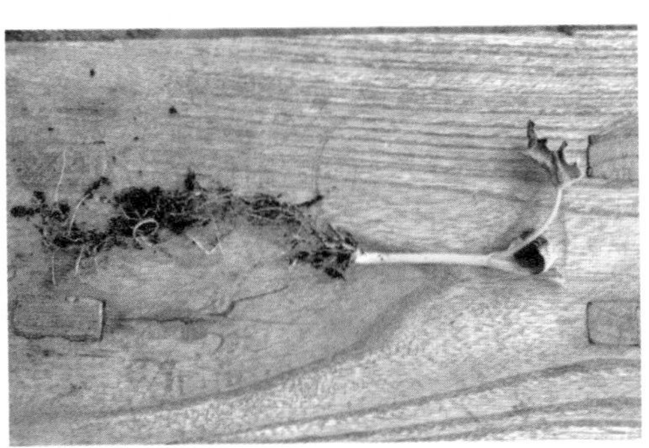
图 1–32　西瓜枯萎病幼苗后期症状

图 1–33　西瓜枯萎病叶片初期症状

图 1–34　西瓜枯萎病叶片后期症状

3）茎蔓染病。发病初期，茎蔓基部缢缩，茎基部发黄（图 1–35），病茎横切面上的维管束变褐。湿度大时病部表面生出粉红色霉，即病菌分生孢子梗和分生孢子（图 1–36）。

图 1–35　西瓜枯萎病茎蔓初期症状

图 1–36　西瓜枯萎病病茎维管束

4）整株染病。病株生长缓慢，下部叶片发黄，逐渐向上发展（图 1–37）。发病初期白天萎蔫，早晚可恢复，数日后全株萎蔫枯死（图 1–38）。

图 1-37　西瓜枯萎病病株初期症状

图 1-38　西瓜枯萎病病株后期症状

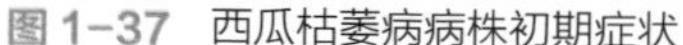

提示

西瓜枯萎病的诊断重点是看维管束是否变色，这一点是与急性凋萎的主要区别。

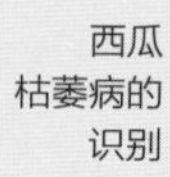
西瓜枯萎病的识别

病原　病原菌为尖镰孢菌西瓜专化型，属半知菌亚门真菌，主要侵染西瓜。其分生孢子有大型和小型之分。小型分生孢子生于气生菌丝中，产生快，无色，单胞，椭圆形，大小为（7.5~20.0）微米 ×（2.5~5.0）微米；大型分生孢子为镰刀形，无色，两端渐尖，有 1~5 个分隔，多为 3 个分隔，大小为（27.5~45.0）微米 ×（5.5~10.0）微米。厚垣孢子间生或顶生，圆形，浅黄色，直径为 5~13 微米。

发生规律　病原菌主要以菌丝、厚垣孢子或菌核在未腐熟的有机肥或土壤中越冬，成为第二年的主要侵染源。该菌能在土壤中存活 6 年，在旱地土壤中存活 10 年以上。菌核、厚垣孢子通过家畜消化道后仍具有生活力。种子、粪便、流水等均可带菌传播。采种时厚垣孢子可粘在种子上，致商品种子带菌率高，带病种子发芽后，病菌即侵入幼苗，成为次要侵染源。

发病原因　1）气候条件。病原菌喜温暖、潮湿的环境，以土温 25~30℃时发病最多。菌丝体生长温度范围为 4~38℃，以 28℃最为适宜；孢子萌发温度为 24~32℃。

2）土壤菌量。该病系土传病害，发病程度取决于土壤中的菌量，一般连作地块发病严重，移栽时伤根严重，病菌侵入早，则发病重。西瓜根系发育欠佳，导致植株抗病能力差，发病严重。

3）栽培条件。栽培管理粗放、偏施氮肥、磷钾肥不足、施用未充分腐熟的有机肥等易诱发病害流行；连作、地下害虫危害严重、地势低洼、排水不良、雨后积水、根系发育不良、沤根的田块发病严重。

防治方法

西瓜枯萎病是土传病害，因此防治时采用单一的方法难以达到很好的防治效果，只有采取综合防治措施才能很好地防治该病。

1）选用抗病品种。根据不同栽培季节，选择适宜的抗病品种。

2）嫁接换根。嫁接技术是目前防治西瓜枯萎病的主要方法，用葫芦或南瓜作为砧木，能有效减轻该病的发生。据试验，嫁接换根可减少93.2%的发病率，预防效果可达95%以上。

3）轮作倒茬。轮作倒茬是西瓜生产上最简便、经济、有效的办法，与葱属植物轮作或混植，可以减少其后茬土壤中枯萎病病原菌的数量，从而减少病害的发生。

4）种子处理。把相对干燥的种子，放在75℃恒温箱中处理72小时，然后浸种，再用2.5%咯菌腈悬浮剂按种子重量的0.6%~0.8%拌种，晾干后播种，预防效果较好。

5）育苗移栽。在无病地或无病土壤中育苗，最好采用基质营养钵育苗，待瓜苗长至4~5片真叶时实行大苗移栽。移栽时可减少伤根引起的病原菌侵染的概率，推迟和减少病害的发生。如果移栽前对苗床用药剂如多菌灵、托布津、农抗120等灌根，然后带药移栽，预防效果会更好。

6）药剂防治。在发病初期，可选用99%噁霉灵原粉3000倍液，或4%嘧啶核苷酸水剂100毫克/千克，或0.3%多抗霉素水剂80~100倍液，或3%多氧清水剂800倍液等药剂，喷雾与灌根相结合，每株用药250~500毫升，每隔7~8天用1次，连续防治3~5次。

西瓜立枯病

分布与危害 西瓜立枯病是西瓜苗期常发生的主要病害，全国各西瓜产区均有发生，一般多在育苗中后期发生。发病后防治不力，就会造成大量幼苗死亡，成苗率降低。定植后的幼苗发病，也会造成田间大量瓜苗生长不一致，给管理带来困难。

症状 病原菌主要侵染根尖及根茎部的皮层，有些植株子叶凋萎，拔出病苗可见茎部有黄褐色水渍状凹陷斑（图1–39），病斑绕茎一周，呈蜂腰状缢缩，病株很快萎蔫并死亡，但一般不发生倒伏（图1–40）。

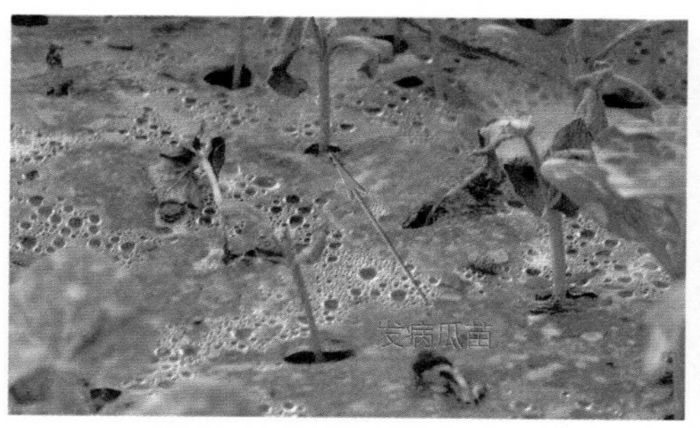

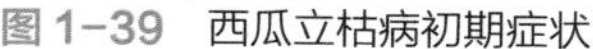
图 1-39　西瓜立枯病初期症状

图 1-40　西瓜立枯病后期症状

提示

西瓜立枯病的诊断重点是瓜苗染病后不倒伏，幼苗逐渐枯萎死亡，发病历程较长。

病原　病原菌为丝核菌属立枯丝核菌，属半知菌亚门。菌丝有隔膜，初期无色，老熟时为浅褐色至黄褐色，呈直角状分枝，基部稍缢缩。病原菌生长后期，由老熟菌丝交织在一起形成菌核。菌核为暗褐色，不定形，质地疏松，表面粗糙。有性阶段为瓜亡革菌，属担子菌亚门。

发生规律　立枯丝核菌是土壤习居菌，主要以分生孢子器及子囊壳附着在土壤或土壤中的病残体中长期存活，也能混在没有完全腐熟的堆肥中生存越冬，极少数以菌丝体潜伏在种子内越冬。当温度、湿度适宜时，分生孢子器散出孢子，并通过水流、农具等传播，从幼苗茎基部或根部伤口侵入，也可穿透寄主表皮直接侵入植株内部引起发病。

发病原因　西瓜立枯病的发生与气候条件、栽培技术、土壤、种子质量等密切相关。高湿容易诱发该病，病原菌的发育适温为 20~30℃，13℃以下和 40℃以上繁殖受到抑制。多年连作的瓜田，或施入未腐熟的厩肥，导致土壤中病原菌积累多，瓜苗发病率高，病害严重。播种过早或过深，均使出苗延迟，病原菌易侵染，引起发病。地势低洼、排水不良、土壤黏重、通气性差、瓜苗长势弱的发病严重。覆盖地膜者，湿度过大时病害加重。

● 防治方法

1）苗床管理。选择地势高、地下水位低、排水良好的地作为苗床，并选用无病的新土壤育苗，加强苗床管理及时放风、降湿，避免低温、高湿的环境条件出现。严防瓜苗徒长、染病，一旦发病就及时剔除病苗。雨后应中耕破除板结，以提高地温，使土质松疏通气，增强瓜苗抗病能力。

2）种子处理。播种前，用 2.5% 咯菌腈悬浮种衣剂 12.5 毫升，兑水 50~100 毫升，充分混匀后倒在 5 千克种子上，快速搅拌，直到药液均匀分布在每粒种子上，晾干后播种；也可每 100 千克种子用 450 克 / 升的克菌丹悬浮种衣剂 67.5~78.75 克＋ 30 克 / 升的苯醚甲环唑悬浮种衣剂 20~30 毫升进行种子包衣或拌种；还可将种子湿润后用种子重量 0.3% 的 75% 福 · 萎可湿性粉剂、20% 甲基立枯磷乳油、70% 噁霉灵可湿性粉剂拌种。拌种时加入 0.01% 芸苔素内酯可溶液剂 8000~10000 倍液，有利于提高幼苗的抗病性。

3）土壤处理。苗床可用 50% 多菌灵可湿性粉剂 4~69 克 / 米 ^{2}+50% 福美双可湿性粉剂 5~8 克 / 米 ^{2} 或用 95% 噁霉灵原药 2~4 克 / 米 ^{2}，兑水稀释至 1000 倍液后喷洒。也可用 70% 噁霉灵可湿性粉剂 2~4 克 / 米 ^{2}，或者 70% 甲基硫菌灵可湿性粉剂 4~6 克 / 米 ^{2}+50% 福美双可湿性粉剂 5~8 克 / 米 ^{2}，兑细土 18 千克，待浇好底水后取 1/3 拌好的药土撒在畦面上，播种后把其余的药土覆盖在种子上，防治效果明显。

4）药液灌根。在幼苗长至 2~3 片真叶时，可用 3% 苯醚甲环唑悬浮种衣剂 2000 倍液浇灌苗床，既可以给苗床补水，又能预防西瓜立枯病的发生。

西瓜蔓枯病

分布与危害 西瓜蔓枯病是西瓜生产中发生最普遍的病害，因引起蔓枯而得名，全国各西瓜产区均有发生，长江三角洲、黄淮地区等西瓜产区尤为严重。该病除危害西瓜外，还可危害甜瓜、白兰瓜、哈密瓜、南瓜、黄瓜等，常造成病株提早死亡而导致减产。

症状 1）叶片染病（图 1–41）。最初出现黑褐色小斑点，后发展成直径为 1~2 厘米的病斑。病斑为圆形或不规则圆形，黑褐色或有同心轮纹。发生在叶

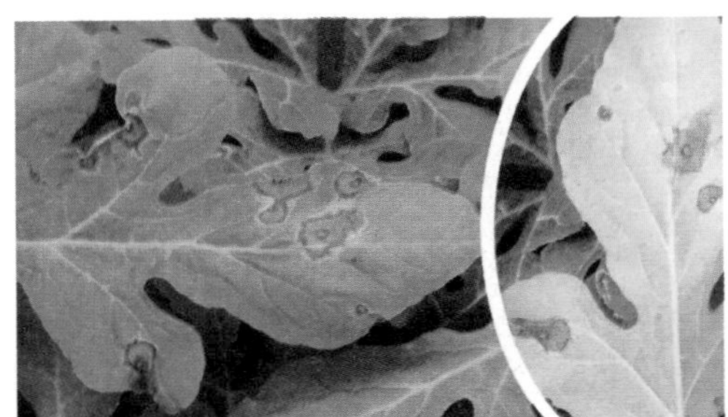

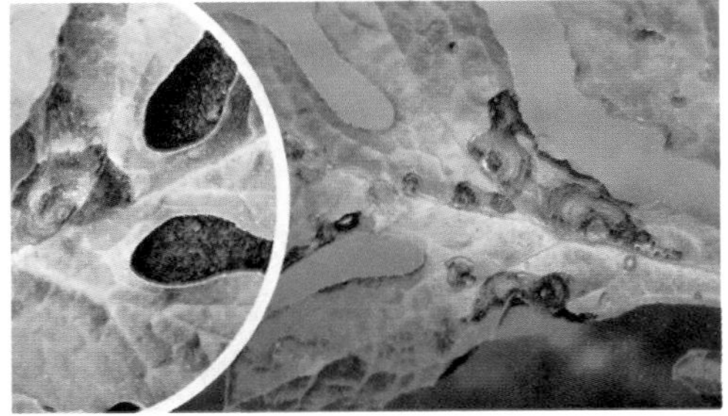

图 1–41　西瓜蔓枯病病叶

缘上的病斑，一般呈弧形。老病斑上出现小黑点。病叶干枯时病斑呈星状破裂。连续阴雨天气，病斑迅速发展可遍及全叶，导致叶片变黑而枯死。

2）茎蔓染病。多在茎基部或分枝处先发病。发病初期，茎蔓上出现裂口，并有红褐色胶状物流出（图 1–42）。随着病斑扩大，水浸状病斑绕茎一周，造成发病部位以上的茎蔓枯死，发病后期，病斑上密生小黑点（图 1–43）。

图 1–42　西瓜蔓枯病茎蔓初期症状

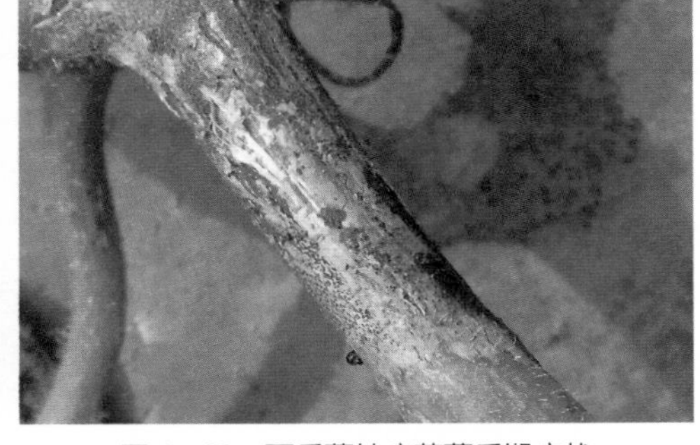

图 1–43　西瓜蔓枯病茎蔓后期症状

3）果实染病。发病初期，多在脐部出现水浸状的病斑，病斑上常有红褐色胶状物流出（图 1–44）。随着病情发展，病斑变为灰褐色，中央变为灰白色，呈星状开裂，内部呈木栓状干腐且稍发黑（图 1–45）。

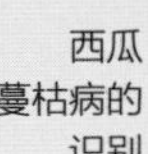

提示

诊断时，西瓜蔓枯病最典型的症状是先在茎蔓上劈裂，并有红褐色胶状物流出，干燥后呈琥珀色。

西瓜蔓枯病的识别

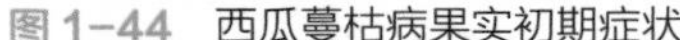

图 1–44　西瓜蔓枯病果实初期症状

图 1–45　西瓜蔓枯病果实后期症状

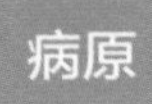

病原　病原菌为瓜类球腔菌，属子囊菌亚门真菌，无性世代为西瓜壳二孢，属半知菌亚门真菌。分生孢子为短圆形至圆柱形，无色透明，两端较圆，初期

为单胞，后期产生1~2个隔膜，分隔处略缢缩。子囊壳为细颈瓶状或球形，黑褐色。子囊孢子为短粗形或梭形，无色透明，1个分隔。

发生规律 西瓜蔓枯病以病原菌的分生孢子器及子囊壳附着在病斑上混入土壤中越冬，第二年温度、湿度适合时，散出分生孢子，经风吹雨溅传播产生危害。种子表面也可以带菌。病原菌主要经伤口侵入西瓜植株内部引起发病。

发病原因 该病危害程度与温度、湿度和栽培管理关系密切。病原菌发育适温为20~28℃、相对湿度为80%~92%，在10~34℃范围内，病原菌的潜伏期随温度升高而缩短，空气相对湿度超过80%时易发病。连作、地势低洼、雨后积水、缺肥或生长较弱时发病重，病情发展快；过度密植、通风不良、湿度过高时易发病。

防治方法

1）选择抗病品种。可根据不同栽培季节、栽培形式，选择适宜的抗病品种。

2）种子处理。播种前，用3%苯醚甲环唑悬浮种衣剂按药种比1∶200倍拌种，移栽时用3%苯醚甲环唑悬浮剂1500倍液灌根，可有效控制西瓜蔓枯病的发生。

3）田间管理。种植西瓜的地块要与非瓜果类作物实行2~3年轮作；施足底肥，多施腐熟的有机肥，尤以饼肥为主，氮、磷、钾配合使用；选择排灌良好的地块，遇雨后及时摘除病叶，收获后彻底清理瓜园病残体及地边杂草，并集中深埋或烧毁，以减少病源。另外，在瓜蔓下铺草也可有效减少病原菌的传染机会，同时降低湿度，从而减少或防止病害发生。

4）药剂防治。可于病害发生前或初发时每亩用22.5%啶氧菌酯悬浮剂40~50毫升，或用30%苯甲·嘧菌酯悬浮剂40~50毫升，或40%苯甲·吡唑醚菌酯悬浮剂20~25毫升，兑水30千克均匀喷施，每隔7~10天喷1次，连喷2~3次，均可较好地控制该病的发生和蔓延。

西瓜煤污病

分布与危害 西瓜煤污病是西瓜生产中经常发生的一种真菌病害，主要由蚜虫、粉虱危害严重时导致叶片被煤污病菌感染，叶片光合作用下降，造成减产。

症状 该病主要危害叶片，严重时也可危害茎蔓和果实。叶片染病，叶面初生灰黑色至炭黑色霉菌菌落（图 1–46），严重时形成的煤烟状物布满叶面，几乎看不见原来的绿色叶面（图 1–47），影响光合作用。在适宜的环境条件下，病原菌继续扩展，导致茎蔓发病，上面布满灰褐色的霉菌（图 1–48）；叶片附近的果实也可发病，果实表面布满灰褐色的霉菌，降低果实产量和品质（图 1–49）。

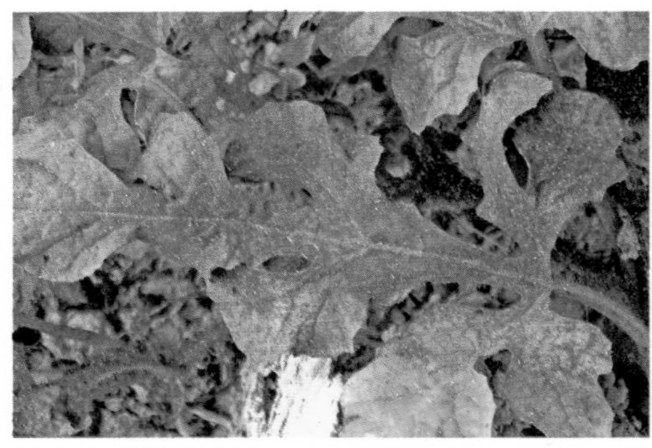
图 1–46　西瓜煤污病病叶初期症状

图 1–47　西瓜煤污病病叶后期症状

图 1–48　西瓜煤污病茎蔓染病症状

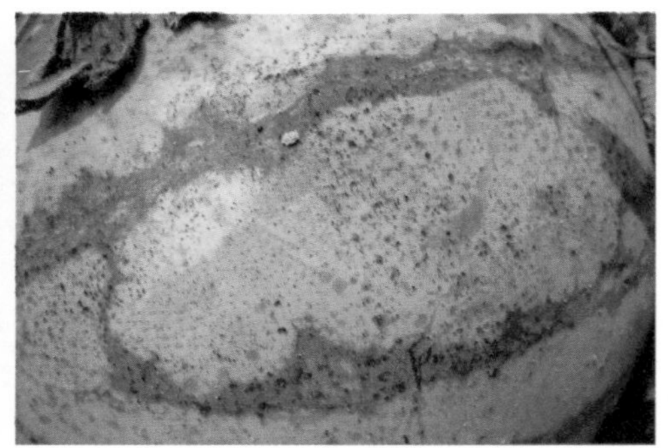
图 1–49　西瓜煤污病果实染病症状

病原 西瓜煤污病病原菌为多主枝孢霉和大孢枝孢霉，均属半知菌亚门真菌。多主枝孢霉菌分生孢子梗直立，褐色或榄褐色，单枝或稍分枝，上部稍弯曲，顶生分生孢子呈短链状，椭圆形，有 1~3 个隔膜，大小为（10~18）微米 ×（5~8）微米。大孢枝孢霉菌菌丝呈铺展状，分生孢子梗为褐色，簇生或单枝，微弯曲，分生孢子为椭圆形，有 2 个或多个隔膜，浅褐色。

发生规律 病原菌主要以菌丝体和分生孢子随病残体遗留在地面越冬，第二年气候条件适宜时，在病残体上产生分生孢子，通过风雨传播，或借风雨、蚜虫、介壳虫、粉虱等传播蔓延，分生孢子在寄主表面萌发后从伤口侵入或直接侵入，自病部又产生分生孢子，借风雨传播进行再侵染。

发病原因 1）田间蚜虫、白粉虱发生严重时容易诱发该病。

2）种植过密、株间生长郁闭、氮肥施用太多、植株生长过嫩、抗性降低时易发病。

3）管理粗放、杂草丛生的田块，植株抗性降低，导致发病严重。

4）地势低洼积水、排水不良、土壤潮湿的地块易发病。

防治方法

1）选用抗病品种，或者无病、有包衣的种子，若未包衣则须将种子用拌种剂或浸种剂灭菌，可用60%悬浮种衣剂或35%噻虫嗪悬浮种衣剂，以防治蚜虫、飞虱、粉虱等传毒害虫的危害。

2）播种或移栽前，又或者收获后，清除田间及四周杂草，并集中烧毁或沤肥；深翻地灭茬，促使病残体分解，减少病源和虫源。

3）高畦栽培。选用排灌方便的田块，开好排水沟，降低地下水位，达到雨停无积水；大雨过后及时清理沟系，防止湿气滞留，从而降低田间湿度，这是防病的重要措施。

4）棚室栽培时，尤其要注意温度、湿度管理，采用放风排湿、控制灌水等措施降低棚内湿度，减少叶面结露。

5）化学防治。发病初期可用以下药剂进行防治：25%嘧菌脂悬浮剂1000~1200倍液，或10%苯醚甲环唑水分散粒剂1000~1500倍液，或22.5%啶氧菌酯悬浮剂500~1000倍液，每隔15天左右喷1次，视病情防治1次或2次。采收前3天停止用药。

西瓜绵疫病

分布与危害 西瓜绵疫病俗称“烂果”“掉蛋”“水烂”等，是西瓜生长中后期常发生的病害之一，各产区均有发生，主要是在露地栽培时的多雨季节发病严重。若地面湿度大，靠近地面的果面由于长期受潮湿环境的影响，极易感染该病。发生严重时，可使大量果实腐烂，造成巨大损失。

症状 该病主要危害果实，果实上先出现水浸状病斑，而后软腐，湿度大时长出白色绒毛状菌丝，后期病瓜腐烂，并有臭味散出（图1–50）。

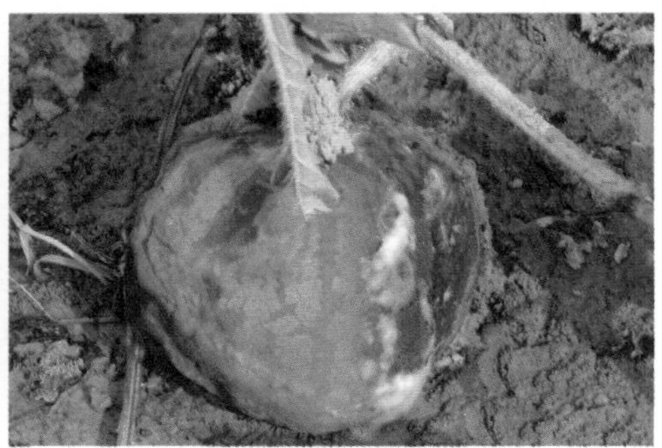

图 1-50　西瓜绵疫病果实发病症状

提示

西瓜绵疫病的诊断要点是：一般发生在湿度较大的地块，病斑上密生大量的绒毛状菌丝，果实容易腐烂，但即使到了后期也没有菌核的产生，这是与西瓜疫病和菌核病的区别。

病原 病原菌为瓜果腐霉菌，属鞭毛菌亚门真菌。菌丝体为白色棉絮状，菌丝无色，无隔，直径为2.3~7.1微米。孢子囊为丝状或呈不规则膨大，大小为（63~725）微米 ×（4.9~14.8）微米。卵孢子为球形，平滑，不满器，厚壁，浅黄褐色，直径为14.0~22.0微米。游动孢子囊呈棒状或丝状，分枝为裂瓣状，不规则膨大。藏卵器为球形，雄器为袋状。

发生规律 病原菌以卵孢子在土壤表层越冬，也可以菌丝体在土壤中营腐生生活。温度、湿度适宜时，卵孢子萌发或土壤中的菌丝产生孢子囊萌发并释放出游动孢子，借浇水或雨水溅射到幼瓜上进行侵染。

发病原因 田间高湿或积水易诱发该病。通常地势低洼、土壤黏重、地下水位高、雨后积水或浇水过多、田间湿度高等均有利于发病。结瓜后雨水较多的年份，以及在田间积水的情况下发病较重。

● 防治方法

1）田间管理。可与非瓜果类作物轮作3~4年；采用高畦栽培，避免大水漫灌，雨后及时排水，田间湿度较大时可把瓜垫起。

2）药剂防治。发病初期，可选用687.5克/升霜霉·氟吡胺悬浮剂800~1200倍液、60%唑醚·代森水分散粒剂1000~2000倍液、250克/升双炔酰菌胺悬浮剂1500~2000倍液、500克/升氟啶胺悬浮剂2000~3000倍液、50%锰锌·氟吗可湿性粉剂1000~1500倍液、440克/升精甲·百菌悬浮剂1000~2000倍液或25%甲霜·霜霉可湿性粉剂1500~2500倍液，进行均匀喷雾防治，视病情每隔5~7天喷1次，连喷2~3次。

西瓜黏菌病

分布与危害 西瓜黏菌病又称白点病，是西瓜生长前期容易发生的一种病害，主要危害基部叶片。叶片被害后，表面形成浅黄色粗糙不平的斑点，呈疮痂状，使叶片光合作用严重降低，造成减产。

症状 发病初期，叶片正面出现浅黄色不规则形或近圆形小斑点，病斑多发生在叶缘处或沿叶脉部位，表面粗糙或略凸起，呈疮痂状，干燥条件下形成白色硬壳，剥开呈石灰粉状（图1–51）。随着病情的发展，多个病斑融合在一起，形成大病斑，最后造成叶片干枯（图1–52）。

图1–51　西瓜黏菌病初期症状

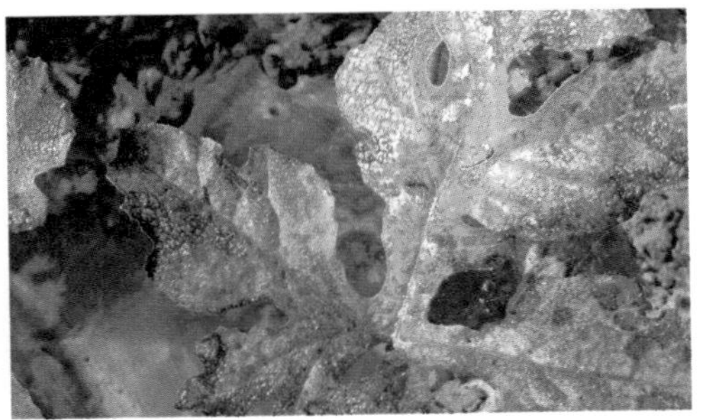

图1–52　西瓜黏菌病后期症状

病原 病原菌为西瓜灰绒泡菌，属原生生物界，介于动物和真菌之间，是一群类似霉菌的生物，会形成具有细胞壁的孢子，但是在其生活史中没有菌丝的出现，而是有一段黏黏的时期，因而得名黏菌。这段黏黏的时期是黏菌的营养生长期，细胞没有细胞壁，如同变形虫一样，可任意改变体形，故又称为“变形菌”。

发生规律 病原菌以孢子囊在植物体、病残体或地表等处越冬。休眠中的孢子囊有极强的抗低温、干旱等不良环境的能力。侵染时一般从近地面部位向上爬升，可达上层叶片，使植株各部位发病。病原菌可随繁殖材料及风雨进行传播。

发病原因 高温、高湿是该病发生的主要原因，生产上种植密度过大、整枝过晚导致田间郁闭、湿度过大、通风与透光差等，都有利于该病的发生和蔓延。

防治方法

1）田间管理。选择地势高燥、平坦的砂性土壤地块种植。灌溉时要防止大水漫灌，雨后及时排水，防止积水和湿气滞留。精耕细作，及时清除田间杂草和残体败叶，种植时不可过密，防止植株郁闭。

2）药剂防治。发病初期，可喷洒 25% 嘧菌酯悬浮剂 1000 倍液或 70% 甲基硫菌灵悬浮剂 600 倍液或 25% 溴菌腈可湿性粉剂 500 倍液。

西瓜霜霉病

分布与危害 西瓜霜霉病是西瓜生长中后期常发生的一种病害，主要危害叶片，一旦发病，常造成叶片大面积干枯，严重影响西瓜的产量和品质。

症状 一般先从基部叶片开始发病，逐步向上部叶片发展。发病初期，叶片上先呈现黄绿色斑点，病斑扩大后，受叶脉限制呈黄褐色不规则多角形病斑（图 1–53）。潮湿环境下，病害发展迅速，严重时病斑连片，造成叶片干枯，易破碎，像被火烤过一样。

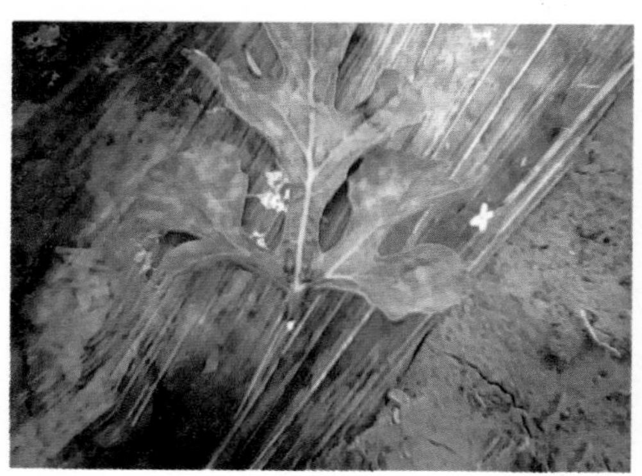
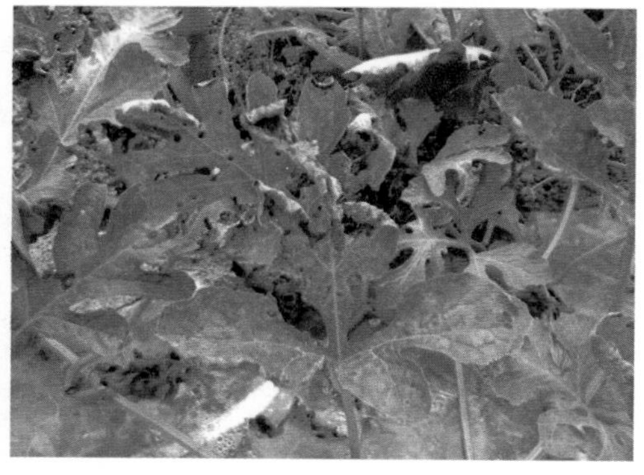

图 1–53 西瓜霜霉病病叶

提示

西瓜霜霉病的诊断重点是看叶片出现多角形病斑，湿度较大时，叶背病斑处生有黑色霉层。

病原 病原菌为古巴假霜霉菌，属鞭毛菌亚门真菌。孢囊梗自气孔伸出，单生或 2~4 根束生，无色，基部稍膨大，上部呈 3~5 次锐角分枝，分枝末端着生 1 个孢子囊。孢子囊为卵形或柠檬形，顶端有乳状突起，浅褐色，单胞。孢子囊释放出 1~8 个游动孢子，在水中游动片刻后形成休眠孢子，再产生芽管，从寄主气孔或细胞间隙侵入，在细胞间蔓延，靠吸器伸入细胞内吸取营养。

发生规律 在北方寒冷地区，病原菌不能在露地越冬，植株枯萎后即死亡，种子也不带菌。田间的病原菌主要靠气流传播，从叶片气孔侵入。冬季不种瓜果类的地区，其大田中的病原菌可以来自温室的瓜果类或通过气流传播。

发病原因 西瓜霜霉病的发生与植株周围温度、湿度的关系非常密切，发病适温为20~24℃，叶面有水膜时容易侵入。在湿度高、温度较低、通风不良时很易发生，且发展很快。一般在昼夜温差大、多雨、有雾、结露的情况下，病害易发生流行。保护地栽培比露地栽培发病严重。地势低洼、排水不良、种植过密、管理粗放、通风不良的瓜田发病严重。

● 防治方法

1）田间管理。培育壮苗，施用腐熟有机肥，增施磷钾肥，避免偏施氮肥，防止植株徒长形成荫蔽而引起通风、透光不良。生长前期提高地温，控制浇水，促进植株健壮生长，提高抗病、耐病能力，减轻发病。在温室、大棚或地膜覆盖栽培中要严格控制温、湿度，注意通风透光，适当浇水，且浇水应选择晴天上午12:00前，切忌阴天浇水或大水漫灌。雨后，注意田间排水。

2）药剂防治。西瓜霜霉病传播速度快，危害严重，必须提前防治。在霜霉病发病初期，可选用687.5克/升霜霉威盐酸盐·氟吡菌胺悬浮剂800~1200倍液、66.8%丙森·异丙菌胺可湿性粉剂600~800倍液、84.51%霜霉威·乙膦酸盐可溶性水剂600~1000倍液、70%呋酰·锰锌可湿性粉剂600~1000倍液、69%锰锌·烯酰可湿性粉剂1000~1500倍液、440克/升双炔·百菌清悬浮剂600~1000倍液、25%烯肟菌酰乳油2000~3000倍液＋75%百菌清可湿性粉剂600~800倍液，进行喷雾防治，视病情每隔5~7天喷1次。为了避免病原菌产生抗药性，药剂宜交替使用。

保护地栽培时，可选用45%百菌清烟剂200克/亩、15%百菌清·甲霜灵烟剂250克/亩，按包装分放5~6处，傍晚闭棚，由棚室里面向外逐次点燃，第二天早晨打开棚室，进行正常田间作业。间隔6~7天熏1次，熏蒸次数视病情而定。

西瓜炭疽病

分布与危害 西瓜炭疽病是西瓜生产中的主要病害，全国各西瓜产区均有发生。保护地、露地栽培发生都较重，一般发病率为20%~40%，重病地块或棚室病株率为80%，损失可达40%以上。还可在贮藏和运输期间发生，有时发病率可达80%，造成大量烂瓜。

症状 1）幼苗染病。子叶上出现圆形褐色或黑褐色病斑，外围常有黑褐色晕圈，其病斑上常散生黑色小粒点或浅红色黏状物（图 1–54）。发病后期多个病斑融合在一起，形成大病斑，最后可造成叶片干枯（图 1–55）。

图 1–54 西瓜炭疽病幼苗发病初期症状

图 1–55 西瓜炭疽病幼苗发病后期症状

2）叶片染病。叶片上的病斑初期为圆形浅黄色水渍状小斑，很快扩大为褐色圆形病斑，边缘为紫褐色，中间为浅褐色，有同心轮纹和小黑点（图 1–56）。发病严重时，叶片上病斑增多，往往多个病斑互相汇合形成不规则形的大斑块，干燥时病斑中部形成穿孔，最终叶片干枯死亡（图 1–57）。

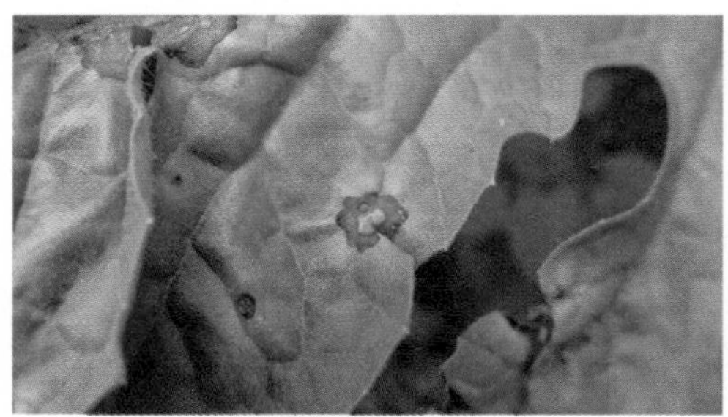
图 1–56 西瓜炭疽病叶片发病初期症状

图 1–57 西瓜炭疽病叶片发病后期症状

3）茎蔓染病。初期茎蔓上出现梭形或椭圆形水浸状黑褐色的病斑（图 1–58），到了后期，病斑处常裂开，上面常有粉红色的黏性物质（图 1–59）。

图 1–58 西瓜炭疽病茎蔓发病初期症状

图 1–59 西瓜炭疽病茎蔓发病后期症状

4）果实染病。果实发病时，初期为暗绿色油渍状小斑点，后扩大成圆形暗褐色稍凹陷的病斑（图 1–60）。潮湿条件下病斑处有黑色小点。严重时病斑连片，老病斑常发生龟裂（图 1–61）。

图 1–60 西瓜炭疽病果实发病症状

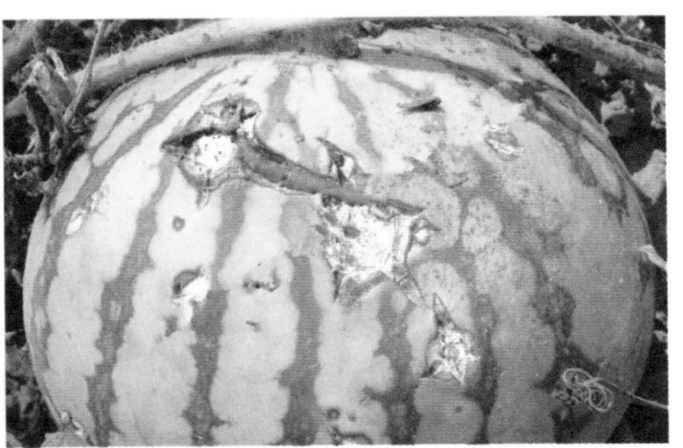

图 1–61 西瓜炭疽病果实发病后期

提示

西瓜炭疽病很容易与蔓枯病混淆，两者的辨别方法是：蔓枯病病斑上有琥珀色胶状物流出，而炭疽病病斑上生有黑色小点。

西瓜炭疽病的识别

病原 病原菌为半知菌亚门刺盘孢属的葫芦科刺盘孢菌。病斑上的小黑点为分生孢子盘，分生孢子为椭圆形或长圆形，无色单胞，内含物为颗粒状，刚毛分散于分生孢子盘中，褐色，顶端色浅，有分隔。

发生规律 病原菌主要附着于寄主的残体并遗留在土壤中越冬，种子也能带菌，其种子上的病原菌可存活 2 年。在适宜条件下，病原菌依靠雨水或灌溉水的冲溅传播，直接从寄主表皮侵入，近地面的叶片首先发病。湿度大是诱发该病的主要因素，在持续 87%~95% 的相对湿度下，潜育期 3 天，湿度越低，潜育期越长，发病较慢。在 10~30℃温度下均能发病，而以 95% 相对湿度和 24℃温度下发病最严重。施氮肥过多、排水不良、通风与透光差、连作的地块发病都比较严重。重病田或雨后收获的西瓜在贮运过程中也会发病。

发病原因 西瓜炭疽病的发生和湿度关系较大，在适温下，相对湿度越高，发病越严重。相对湿度在 87%~95% 时，其病原菌潜伏期只有 3 天，湿度越低，潜伏期越长；相对湿度降至 54% 以下时，则不发病。此外，过多施用氮肥、排水不良、通风不好、种植密度过大、植株衰弱和重茬种植时，发病严重。

防治方法

1）选用抗病、耐病品种。

2）严格选择栽培用土，可采用基质育苗。

3）种子处理。对生产用种可用 50~51℃温水浸种或用种子重 0.3%~0.4% 的 2.5% 咯菌腈悬浮种衣剂拌种，晾干后催芽，然后播种。

4）与非瓜果类作物实行 3 年以上轮作。采用配方施肥，施用充分腐熟的有机肥。注意平整土地，防止田间积水，雨后及时排水，合理密植。瓜果类作物收获后要及时清除病残体等。

5）药剂防治。发病初期，可选用 25% 嘧菌酯悬浮剂 1500~2000 倍液、30% 苯噻硫氰乳油 1000~1500 倍液、25% 溴菌腈可湿性粉剂 500 倍液、5% 亚胺唑可湿性粉剂 1000~1500 倍液＋ 75% 百菌清可湿性粉剂 600 倍液、40% 腈菌唑水分散粒剂 4000~6000 倍液 +70% 代森锰锌可湿性粉剂 600~800 倍液、25% 咪鲜胺乳油 1000~1500 倍液 +75% 百菌清可湿性粉剂 600 倍液、10% 苯醚甲环唑水分散粒剂 1500 倍液 +22.7% 二氰蒽醌悬浮剂 1500 倍液、75% 肟菌 · 戊唑醇水分散粒剂 2000~3000 倍液、40% 多 · 福 · 溴菌腈可湿性粉剂 800~1000 倍液、70% 福 · 甲 · 硫黄可湿性粉剂 600~800 倍液，进行喷雾防治，视病情每隔 7~10 天喷 1 次。保护地栽培的西瓜，发病前期可用 45% 百菌清烟剂 200~250 克 / 亩，于傍晚分放 4~5 个点，先密闭棚室，然后点燃，每隔 7 天熏 1 次，连熏 4~5 次。

发病严重时，可选用 20% 唑菌胺酯水分散粒剂 1000~1500 倍液、20% 硅唑 · 咪鲜胺水乳剂 2000~3000 倍液、20% 苯醚 · 咪鲜胺微乳剂 2500~3500 倍液、5% 亚胺唑可湿性粉剂 1000 倍液＋ 70% 丙森锌可湿性粉剂 700 倍液、12.5% 烯唑醇可湿性粉剂 2000~4000 倍液＋ 70% 代森联干悬浮剂 800 倍液，进行喷雾防治，视病情每隔 7~10 天喷 1 次，连喷 2~3 次。

西瓜细菌性果斑病

分布与危害 西瓜细菌果斑病又称细菌斑点病、西瓜水浸病、果实腐斑病等，是近年来由国外传入的毁灭性病害，主要危害即将成熟的果实，造成果实大量腐烂，给瓜农造成巨大经济损失。该病主要危害甜瓜、西瓜、南瓜、黄瓜、西葫芦等。

症状 苗期和成株期均可发病，但以果实受害为主。

1）瓜苗染病。最初在子叶下侧出现水渍状褪绿斑点，子叶张开时，病斑变为暗棕色，且沿主脉逐渐发展为黑褐色坏死斑。叶片发病，病斑为暗褐色，对光透明，通常沿叶脉发展（图 1–62）。严重时多个角斑连在一起，湿度较大时，叶片背面的病斑周围有菌脓溢出（图 1–63）。

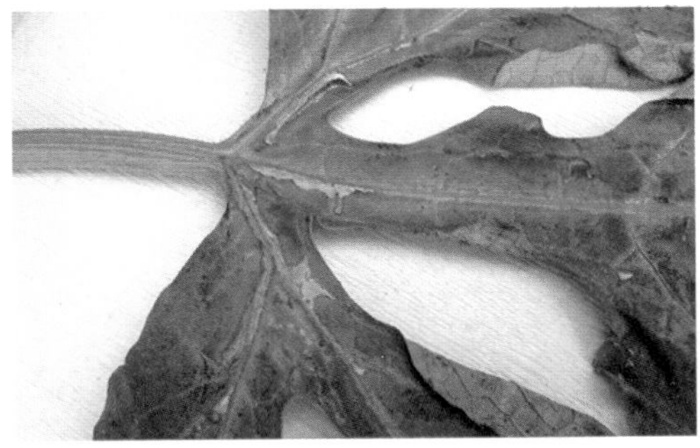

图 1–62 西瓜细菌性果斑病叶片正面发病症状

图 1–63 西瓜细菌性果斑病叶片背面发病症状

2）果实染病。多始于成瓜向阳面，一般在西瓜成熟前 7~10 天和成熟时发病较重。发病初期，在果实上部表面出现灰绿色至暗绿色水渍状小斑点（图 1–64），后迅速扩展成大型不规则水浸状病斑，变褐或龟裂，引起果实腐烂，并分泌出一种黏性琥珀色物质（图 1–65）。

图 1–64 西瓜细菌性果斑病果实发病初期症状

图 1–65 西瓜细菌性果斑病果实发病后期症状

病原 病原菌为类产碱假单胞菌西瓜亚种（西瓜细菌斑点假单胞菌），属好气性细菌，革兰染色阴性。该菌不产生色素及荧光，菌体呈杆状，极生单根鞭毛，不产生硝酸还原酶和精氨酸双水解酶，无烟草过敏性反应，可在 4~41℃范围内生长，明胶液化力弱，氧化酶和 2– 酮葡萄糖酸试验呈阳性。

发生规律 病原菌附着在种子或病残体上越冬，种子所带菌是第二年的主要初侵染源。该菌在埋入土壤中的西瓜皮上可存活 8 个月，在病残体上存活 2 年，在田间借风雨及灌溉水传播，从伤口或气孔侵入。果实发病后在病部大量繁殖，通过雨水或灌溉水向四周扩展进行再侵染。

发病原因 西瓜细菌性果斑病在温暖潮湿的环境中易暴发流行，特别是炎热季节伴随暴风雨的条件，有利于病原菌的繁殖和传播，导致病害发生严重。地势低洼、排水不良、连作、种植过密、管理粗放、虫害发生严重的地块发病较重。

防治方法

1）加强检疫。西瓜细菌性果斑病属于检疫性病害，因此应加强植物检疫，发现带菌种子应在当地销毁，严禁外销。

2）农业防治。与非葫芦科作物进行 3 年以上轮作，施用酵素菌沤制的堆肥或充分腐熟的有机肥，采用塑料膜双层覆盖等栽培措施。采用温室或火炕无病土育苗；幼果期适当多浇水，果实进入膨大期及成瓜后宜少浇或不浇，争取在高温雨季到来前采收完毕。

3）药剂防治。在发病前或发病初期开始用药，可用 47% 春雷・氧氯化铜可湿性粉剂 800 倍液或 77% 氢氧化铜可湿性微粒粉剂 500 倍液等药剂进行喷雾防治，也可每亩用 20% 噻唑锌悬浮剂 100~150 毫升、20% 噻菌铜悬浮剂 75~160 毫升或 5% 噻霉酮悬浮剂 35~50 毫升，每隔 10 天左右防治 1 次，连续防治 2~3 次。采收前 3 天停止用药。

西瓜细菌性果腐病

分布与危害 西瓜细菌性果腐病是一种危险性病害，分布较广，以南方产区发病最严重。该病主要引起果实表面产生病斑甚至腐烂，降低其商品价值和食用价值，发病轻的可减产 20%~30%，严重的可减产 40%~80%，甚至绝收。

症状 1）苗期染病。子叶背面沿着叶脉出现水渍状病斑，并迅速发展到下胚轴及嫁接口，导致西瓜接穗很快萎蔫腐烂，瓜农称其为“烂头”。真叶染病，先在叶脉附近出现水渍状斑点，为不太明显的多角形病斑，病斑周围有黄色晕圈，对光透明，通常沿叶脉发展，发病较重的会造成整片叶变为褐色干枯。

2）果实染病。产生的病斑与疫病不同，大多出现在果皮上部而不是贴近地面部分。果面上的病斑最初呈油渍状水渍点（图 1–66），随后扩大为边缘不规则的水渍状大斑。严重时常溢出白色菌脓（图 1–67）。细菌侵入果肉，使果肉有时呈蜂窝状、腐烂，种子带菌。

病原 病原菌为类产碱假单胞菌西瓜亚种西瓜细菌斑点假单胞菌，属细菌，革兰染色阴性，菌体呈短杆状，极生单根鞭毛，端生 1~5 根鞭毛，链状连接，大小为（0.7~0.9）微米 ×（1.4~2）微米。在金氏 B 平板培养基上，菌落为白色，近圆形或略呈不规则形，扁平，有同心环纹，菌落直径为 5~7 毫米，外缘有放射状

图 1-66　西瓜细菌性果腐病果实发病初期症状

图 1-67　西瓜细菌性果斑病果实发病后期症状

细毛状物，具有黄绿色荧光。该菌属于好气性菌，但不耐酸性环境，在 pH6.8~7.0 的环境中发育良好。生长适温为 24~28℃，最高 39℃，最低 4℃，48~50℃经 10 分钟 可致死。

西瓜细菌性果腐病的识别

发生规律　病原菌在种子内或随病残体留在土壤中越冬，成为第二年的初侵染源。病原菌从气孔、水孔及自然伤口侵染西瓜后，在适宜条件下发病并产生菌脓，随雨水、灌溉水、大棚膜水珠、结露和叶缘吐水滴落时飞溅蔓延，进行再侵染。苗期至成株期均可受害。

发病原因　多雨、高湿、大水漫灌时，西瓜容易发病，在炎热、强光照及雷雨过后，叶片和果实上的病斑迅速扩展。在凉爽、阴雨天气条件下，病害不会明显发展。

● 防治方法

1）加强检疫。该病为检疫性病害，杜绝带菌种子传播，发现病种时应在当地销毁，严禁外销。

2）农业防治。与非葫芦科作物进行 3 年以上轮作。施用充分腐熟的有机肥，采用塑料膜双层覆盖等栽培措施。应尽量改用滴灌或降低水压，让灌溉水仅喷及根际周围。应随时清除病苗和病果，彻底清除田间杂草。不要在叶片露水未干的感染田中工作，也不要把感染田中用过的工具拿到未感染田中使用。

3）药剂防治。在发病前或进入雨季时应加强预防，结合其他病害的防治，可选用 86.2% 氧化亚铜可湿性粉剂 2000~2500 倍液、77% 氢氧化铜可湿性粉剂 800~1000 倍液、20% 噻菌酮悬浮剂 800~1000 倍液、47% 春雷・王铜可湿性粉剂 400~600 倍液或 20% 噻唑锌悬浮剂 600~800 倍液等药剂，进行喷雾防治，视病情每隔 7~10 天喷 1 次，连喷 2~3 次。

西瓜细菌性角斑病

分布与危害 西瓜细菌性角斑病是西瓜生产中的主要病害之一，发病范围广，危害严重，全国各西瓜产区均有发生。以晚春至早秋的雨季发病较重，主要危害西瓜、甜瓜、黄瓜、节瓜、西葫芦等。

症状 西瓜细菌性角斑病主要危害叶片，发病严重时也可危害叶柄、茎、卷须和果实。

1）叶片染病。病斑初期为透明的水渍状小点，后发展为受叶脉限制的多角形黄褐斑（图 1–68）。潮湿条件下，叶背病斑处有白色菌脓溢出（图 1–69）；干燥条件下，病斑中央变褐色或呈灰白色，质脆易破裂或穿孔。

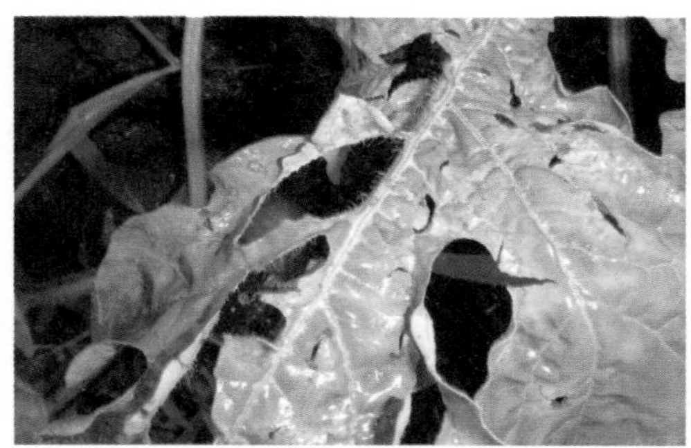
图 1–68　西瓜细菌性角斑病叶片正面发病症状

图 1–69　西瓜细菌性角斑病叶片背面发病症状

2）果实染病。果面初生水浸状圆形斑点，渐变为浅褐色（图 1–70），潮湿条件下，病斑周围分泌出白色黏液覆盖果面。在果肉组织中的褐色病斑，可向内部发展至种子上，导致果实腐烂。

图 1–70　西瓜细菌性角斑病果实发病症状

西瓜
细菌性角斑病的
识别

病原 病原菌为丁香假单胞杆菌黄瓜角斑病致病变种，属薄壁菌门假单胞菌属。菌体呈短杆状，革兰染色阴性，端生 1~5 根鞭毛，有荚膜，无芽孢。

发生规律 病原菌在种子上或随病残体在土壤中越冬或越夏，成为下一季的侵染源。播种带菌种子，发芽后病原菌侵入子叶；病残体上的病原菌随雨水溅至茎叶上造成初侵染。病斑上产生的菌脓，通过风雨、昆虫和农事操作进行传播，从气孔、水孔及伤口侵入。病原菌侵入后先在细胞间繁殖，以后侵入细胞内和维管束中，侵入果实的病原菌则沿导管进入种子表面。

发病原因 病原菌发育的温度范围为 20~30℃，以 25℃左右最适宜，相对湿度在 85% 以上，有利于发病。一般低温、高湿、重茬的温室或大棚发病重，磷钾肥不足时发病也严重。

防治方法

1）种子处理。选用无病种子，播种前用 55℃温水浸种 15 分钟，捞出后放入冷水中冷却，然后催芽播种。也可用 3% 苯醚甲环唑悬浮剂按药种比 1：200 拌种，晾干后催芽播种。

2）清洁田园，消灭病源。在西瓜生长期和收获后，要及时清除病叶、病果、病残体，集中烧毁或深埋，以减少田间病源。

3）加强栽培管理。要和非瓜类作物实行 2 年以上的轮作，适当早播，中耕松土，提高地温，促进根系发育，施足底肥，增施磷钾肥，促进生长发育，提高抗病力。

4）药剂防治。发病初期，可选用 20% 噻唑锌悬浮剂 300~500 倍液、20% 噻菌铜悬浮剂 1000~1500 倍液或 86.2% 氧化亚铜可湿性粉剂 2000~2500 倍液，对西瓜细菌性角斑病均有很好的防治效果，能够快速控制病害发展，并促使病斑痊愈。

西瓜细菌性叶斑病

分布与危害 西瓜细菌性叶斑病是西瓜保护地栽培中常发生的一种病害，发病严重时病株可达 60%~80%。该病全国各西瓜产区均有发生，若防治不力，会造成大量叶片枯死，光合作用降低，严重影响产量与品质。

症状 该病在西瓜全生育期均可发生，叶片、茎蔓和果实都可受害。苗期染病，子叶和真叶沿叶缘呈黄褐色至黑褐色坏死干枯，最后瓜苗呈褐色枯死（图 1–71）。成株染病，叶片上初生水浸状半透明小点，以后扩大成浅黄色斑，边缘具有黄绿色晕环，最后病斑中央变为褐色或呈灰白色破裂穿孔，湿度高时叶背溢出乳白色菌液（图 1–72）。茎蔓染病后呈油渍状暗绿色，以后龟裂，溢出白色菌脓。果实染病初期，出现油渍状黄绿色小点，逐渐变成近圆形红褐色至暗褐色坏死斑，边缘呈黄绿色油渍状；随病害发展，病部凹陷、龟裂而呈灰褐色，空气潮湿时病部可溢出锈色菌脓。

图 1–71　西瓜细菌性叶斑病苗期发病症状

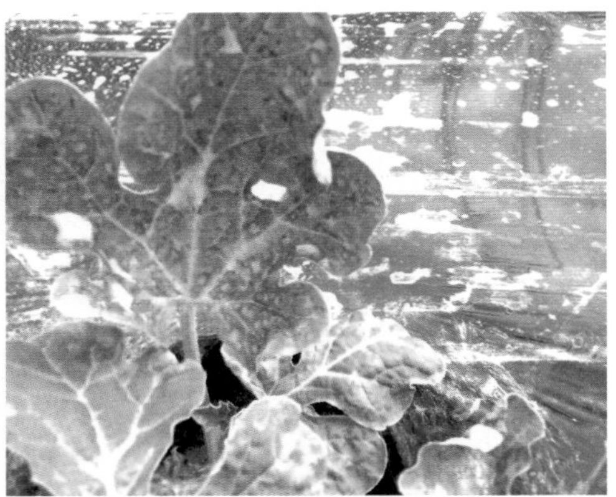

图 1–72　西瓜细菌性叶斑病成株叶片发病症状

提示

西瓜细菌性叶斑病与西瓜细菌性角斑病的相同点是湿度大时病斑周围湿润，即都有菌脓溢出；不同点是角斑病病斑受叶脉限制而呈多角形，叶斑病病斑边缘为黄褐色，不受叶脉限制。

病原 病原菌为丁香假单胞杆菌黄瓜致病变种，属薄壁菌门细菌。菌体呈短杆状，端生 1~5 根鞭毛，大小为（0.7~0.9）微米 ×（1.4~2）微米，有荚膜，无芽孢，革兰染色阴性。在金氏 B 平板培养基上，菌落为白色，近圆形或略呈不规则形，直径为 5~7 毫米，扁平，中央凸起、污白色，不透明，具有同心环纹，边缘一圈薄且透明，外缘有放射状细毛状物，具有黄绿色荧光。该菌属好气性，不耐酸性环境，生长适温为 24~28℃，可承受温度为 4~39℃，48~50℃经 10 分钟即可致死。

发生规律 病原菌在种子上或随病残体留在土壤中越冬，靠种子进行远距离传播。土壤中的病原菌通过灌水、风雨、气流、昆虫及农事作业在田间传播蔓延，由气孔、伤口、水孔侵入寄主。

发病原因 该病在温度为4~39℃时都可发生，发病最适温度为18~26℃、相对湿度在85%以上，湿度越大，病害越严重，暴风雨过后病害易流行。地势低洼、排水不良、重茬、氮肥过多、钾肥不足、种植过密的地块，病害均较重。

防治方法

1）因地制宜地选育和种植抗病品种。

2）重病田块可与非瓜果类作物轮作2年以上。

3）加强栽培管理。适时移栽，合理密植，注意通风、透光；施足基肥，增施磷钾肥；雨后做好排水，降低田间湿度，培育壮苗；发现病株及时拔除，收获后结合深翻整地清洁田园，减少第二年的病源。

4）种子处理。播种前，可用55℃温水浸种15分钟，或40%福尔马林150倍液浸种90分钟，用清水冲洗后催芽播种。

5）药剂防治。发病初期，可选用30%琥胶肥酸铜（DT杀菌剂）可湿性粉剂500倍液、60%琥·乙磷铝（DTM）可湿性粉剂500倍液、77%可杀得可湿性粉剂400倍液、47%春雷·氧氯化铜可湿性粉剂600~800倍液、12%松脂酸铜（绿乳铜）乳油300~400倍液或70%甲霜铜可湿性粉剂600倍液（注意药剂交替使用），每隔7~10天喷1次，连续喷3~4次。喷药须仔细周到地喷到叶片正面和背面，以提高防治效果。

西瓜叶斑病

分布与危害 西瓜叶斑病是西瓜露地栽培中的重要病害之一，主要危害叶片，发病严重时导致叶片干枯，明显影响产量与品质。正常年份病株率为20%~30%，发病严重时病株率可达60%~80%。

症状 发病初期，叶片上出现暗绿色近圆形病斑，略呈水渍状，以后发展成黄褐色至灰白色不定形坏死斑，边缘颜色较深，病斑大小差异较大（图1-73）。空气潮湿时，病斑上产生灰褐色霉状物（图1-74），即病菌分生孢子梗和分生孢子。发病严重时，叶片上病斑密布，短时期内致使叶片干枯坏死。

图 1-73 西瓜叶斑病病斑

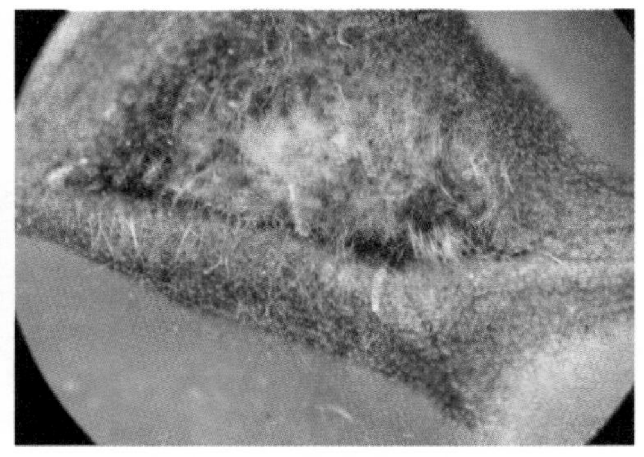
图 1-74 西瓜叶斑病产生的灰褐色霉状物

病原 病原菌为西瓜叶点霉，属半知菌亚门真菌。分生孢子器散生在叶片两面，突破表皮，球形至扁球形，器壁为褐色，膜质，大小为 53~169 微米。器孢子为椭圆形，无色透明，两端较圆，大小为（3.5~8.8）微米 ×（1.4~4.4）微米。病原菌生长适温为 25~30℃，最高 35~40℃，最低 10~15℃。

发生规律 病原菌主要以菌丝体随病残体越冬，也可在保护地栽培的其他瓜果类上越冬，经气流传播引起发病。越冬病原菌在春、秋季条件适宜时产生分生孢子，借风雨和农事操作等传播，由气孔或直接穿透表皮侵入，发病后产生新的分生孢子进行再侵染。

发病原因 高温、高湿有利于发病，西瓜生长期多雨、气温较高，或阴雨天较多时发病较重。此外，平畦种植、大水漫灌、植株缺水缺肥、长势衰弱或保护地通风不良等条件下发病较重。

防治方法

1）与非瓜果类作物实行 2 年以上的轮作。

2）采用高垄或高畦地膜覆盖栽培。

3）加强管理。雨季做好瓜田排水，生长期避免田间积水，严禁大水漫灌，促进通风、透光。保护地栽培时注意及时放风、排湿，创造有利于西瓜生长而不利于病原菌生长的环境。西瓜拉秧后彻底清除病残落叶并带到田外妥善处理，减少田间病源。

4）药剂防治。发病初期，可选用 325% 苯甲·嘧菌酯悬浮剂 1500 倍液、10% 苯醚甲环唑水分散粒剂 1000~1500 倍液 +75% 百菌清可湿性粉剂 600 倍液、50% 乙烯菌核利可湿性粉剂 800~1000 倍液 +50% 克菌丹可湿性粉剂 600 倍液、25% 嘧菌酯悬浮剂 1000~1500 倍液或 20% 苯甲·咪鲜胺微乳剂 2500~3500 倍液，进行喷雾防治，视病情每隔 7~10 天喷 1 次。

西瓜叶枯病

分布与危害 西瓜叶枯病是危害西瓜叶片的重要病害之一，在西瓜生长的中后期，特别是多雨季节或暴雨后，发病急且发展快，一旦发生，对西瓜的产量和品质都会产生严重的影响。

症状 该病主要危害叶片，也可危害茎蔓和果实。幼苗子叶受害，多在叶缘发生，初期为水渍状小斑点，后扩大成褐色水渍状圆形或半圆形病斑，在高湿条件下，可危害整个子叶，使之枯萎。真叶受害，多发生在叶缘或叶脉间，初期为水渍状小斑点（图 1–75），在高湿条件下，病情迅速发展，多个病斑合并，使叶片失水青枯。高温干燥条件下，叶片快速干枯（图 1–76）。茎蔓受害，产生椭圆形或梭形微凹陷的浅褐色病斑。果实受害时，产生周围略隆起的圆形凹陷的暗褐色斑，严重时果实腐烂。潮湿时在各受害部位均可长出黑色霉状物。

病原 病原菌为瓜链格孢，属半知菌亚门真菌。病原菌分生孢子梗单生或 3~5 根束生，正直或弯曲，褐色或顶端色浅，基部细胞稍大，有隔膜 1~7 个；分生孢子多单生，有时 2~3 个链生，常分枝，呈倒棒状或卵

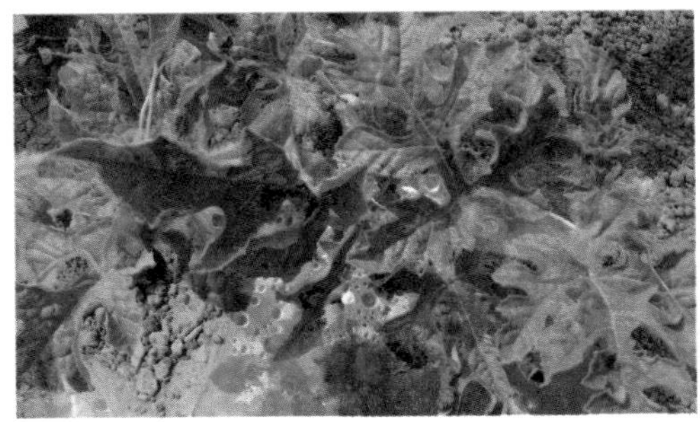

图 1–75 西瓜叶枯病真叶受害初期症状

图 1–76 西瓜叶枯病真叶受害后期症状

形至椭圆形，褐色，孢身有横隔膜 8~9 个、纵隔膜 0~3 个，隔膜处缢缩、色浅，呈短圆锥状或圆筒形，平滑或有多个疣。在 PDA 培养基上培养时菌落初为白色，后变为灰绿色，背面初为黄褐色，后变为墨绿色，温度为 25℃时经 4~5 天能形成分生孢子。

发生规律 病原菌以菌丝体和分生孢子在病残体、土壤或种子上越冬，成为第二年的初侵染源。在生长期间，病部产生的分生孢子通过风雨传播，进行再侵染，导致田间病害不断扩大蔓延。

发病原因 该菌生长的温度范围为3~45℃，25~35℃较适，28~32℃最适。在pH3.5~12均可生长，pH为6时最适。孢子萌发的温度范围为4~38℃，28℃最适，相对湿度高于73%时均可萌发，相对湿度为85%时，萌发率高达94%。多雨天气条件下，相对湿度高于90%易使病害流行或大面积发生；风雨利于病原菌传播，导致该病普遍发生；偏施或重施氮肥，土壤瘠薄，导致植株抗病力弱时发病严重。

防治方法

1）选用适宜当地栽培的耐病或抗病品种。

2）田间管理。收获后注意清除病残体，集中深埋或烧毁，不要在田边堆放病残体；采用避雨栽培法；露地栽培时要在雨后特别注意开沟排水，防止湿气滞留，对减轻该病具有重要作用。

3）药剂防治。发病初期及时喷药，可选用60%吡唑·代森联（百泰）1200倍液、50%咪鲜胺锰盐可湿性粉剂1000~1500倍液、20%噻菌铜500倍液、50%氯溴异氰尿酸可溶粉剂500~700倍液、36%三氯异氰尿酸可湿性粉剂500~700倍液或25%嘧菌酯悬浮剂1500倍液进行叶面喷雾，每隔7~10天喷1次，连喷2~3次。

西瓜疫病

分布与危害 西瓜疫病又称西瓜疫霉病、死秧病、腐烂病等，全国各西瓜产区均有发生，是西瓜生产上的主要病害。该病危害逐年加重，南方产区发病重于北方产区，在多雨年份发病尤重，一般减产20%~30%，严重的可达50%以上，甚至绝收。

症状 1）叶片染病。子叶染病，先呈水浸状暗绿色圆形斑，中央逐渐变成红褐色。真叶染病，初生暗绿色水浸状圆形或不整形病斑，湿度大时，病斑呈水浸状，当湿度较小时，病斑为浅褐色，易破碎（图1–77）。严重时，瓜秧成片死亡，1~2天内整片瓜园有95%以上死秧，死后叶片呈青绿色干枯，一碰就碎。

2）茎蔓染病。初生水浸状暗绿色纺锤形凹陷斑，病部明显缢缩，病斑迅速扩展，天气潮湿时形成褐色软腐，病部以上叶片萎蔫青枯死亡（图1–78）。

3）果实染病。多从果实蒂部开始发病，初期在脐部出现暗绿色水浸状凹陷斑（图1–79），湿度较大时，病斑可迅速扩大及全果，致果实呈水烫状皱缩腐烂，发出青贮饲料所具有的气味，病部表面密生白色菌丝霉状物，即病原菌的孢囊梗和孢子囊，病健部边缘无明显病症（图 1–80）。

图 1–77　西瓜疫病叶片受害症状

图 1–78　西瓜疫病茎蔓受害症状

图 1–79　西瓜疫病果实受害初期症状

图 1–80　西瓜疫病果实受害后期症状

病原　病原菌为德雷疫霉菌和辣椒疫霉菌，属鞭毛亚门真菌，其中以德雷疫霉为主。菌丝无色，多分枝，新生菌丝无隔，老熟菌丝会长出不规则球状体，内部充满原生质。孢囊梗从菌丝或球状体上长出，平滑，个别形成隔膜。孢子囊顶生，长椭圆形，大小为（36.4~71.0）微米 ×（23.1~46.1）微米。游动孢子为近球形，藏卵器为球形、浅黄色，雄器为球形、无色，卵孢子为黄褐色。病原菌生长发育的适温为 28~32℃，最高 37℃，最低 9℃，20~30℃最适。

西瓜疫病的识别

发生规律　病原菌主要以卵孢子在土壤中的病残体内或未腐熟的肥料中越冬，并可长期存活。厚垣孢子在土壤中可存活数月，种子也能带菌，但带菌率极低，这些都是第二年田间发病的初侵染源。卵孢子和厚垣孢子通过雨水、灌溉水传播，形成孢子囊和游动孢子，从气孔或直接穿透侵入引起发病。植株发病后，在病斑上产生孢子囊，借风雨传播，进行再侵染。在病斑上产生的新孢子囊又借气流、风雨、灌溉水和农事操作进行再侵染，使病害扩大流行。

发病原因 1）品种抗性。品种间和同一品种不同生育期的发病性存在差异，如无籽西瓜比普通西瓜抗病性强，苗期、伸蔓期比果实膨大期抗病性强。

2）环境条件。病原菌喜高温、高湿的环境，最适发病温度为28~30℃，低于15℃时发病受抑制。在适宜发病的温度范围内，雨季的长短、降雨量的多少，是病害流行的决定性因素。所以发病高峰往往紧接在雨量高峰之后。

3）栽培条件。通风不良、种植过密时，发病严重；地势低洼、排水不良、畦面高低不平、容易积水和多年连作的地块，以及浇水过多、施氮肥过多或施用带菌肥料，均会使病害加重。

● 防治方法

1）农业防治。根据不同的栽培季节，选用适宜的抗病品种是最经济、最有效的方法。有条件的地区实行与非瓜果类作物进行3~5年的轮作。

2）田间管理。清洁田园，切断越冬病原菌传染源，发现病株及时拔除，集中深埋或烧毁；不用未腐熟的、带有病残体的有机肥；合理密植，采用深沟高畦栽培，雨后及时排水，控制田间湿度；棚室栽培的西瓜应采用膜下渗浇小水或滴灌，节水保温，以利于降低棚室湿度；严禁大水漫灌、串灌。

3）药剂防治。在发病初期开始施药，可选用72%霜脲·锰锌（克露）可湿性粉剂700倍液、50%烯酰吗啉（安克）可湿性粉剂2500倍液、25%双炔酰菌胺（瑞凡）2500倍液、70%乙膦·锰锌可湿性粉剂500倍液、72.2%霜霉威（普力克）水剂800倍液、58%甲霜·锰锌（金雷）可湿性粉剂500倍液或64%噁霜·锰锌（杀毒矾）可湿性粉剂500倍液，每隔7~10天喷1次，连喷3~4次。必要时还可用上述杀菌剂灌根，每株灌稀释好的药液0.25~0.4升，若能喷洒与灌根同时进行，防效会明显提高。

田间发病普遍时，可选用687.5克/升氟吡菌胺·霜霉威盐酸盐悬浮剂1000倍液、60%氟吗·锰锌可湿性粉剂1000倍液、69%锰锌·烯酰可湿性粉剂1000倍液、10%氰霜唑悬浮剂1000倍液+50%福美双可湿性粉剂800倍液、72.2%霜霉威水剂600倍液+75%百菌清可湿性粉剂600倍液、25%双炔酰菌胺悬浮剂1000倍液、66.8%缬霉威·丙森锌可湿性粉剂700倍液或52.5%噁唑菌酮·霜脲氰水分散性粒剂1000倍液，进行喷雾防治，视病情每隔7~10天喷1次，连喷2~3次。

保护地栽培的西瓜，还可以每亩用15%百·烯酰烟剂250~400克，分放4~5个点，于傍晚先密闭棚室，然后点燃，每隔7天熏1次。

第二章

西瓜主要生理性病害

西瓜粗蔓

西瓜粗蔓，是西瓜生产上常发生的一种生理性病害，从甩蔓到瓜开始膨大均可发生，以瓜蔓长约 80 厘米以后发生较为普遍。

症状 发病后，瓜蔓显著变粗，顶端粗如大拇指且上翘，叶片变小，生长缓慢（图 2–1），变粗的茎蔓脆、易折断，并有少许黄褐色汁液（图 2–2）。该病症状近似病毒病，但叶片不黄化，这是与病毒病的显著区别，变粗的茎蔓一般生长变缓，不易坐果。

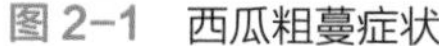
图 2–1　西瓜粗蔓症状

图 2–2　变粗的茎蔓折断后症状

1）偏施氮肥，整枝不及时，造成营养生长过旺，生殖生长受到抑制。

2）土壤中缺硼、锌等微量元素，造成植株营养不良。

3）土壤有机质含量低，通气性差或温度忽高忽低或光照不充足等原因都会造成西瓜粗蔓。

防治方法

1）加强苗期管理。合理控制温度、湿度，调控浇水量，少量多次，膜下灌温水。

2）平衡施肥。增施有机肥，注意补施硼、锌等微量元素肥料，调节养分平衡，以满足西瓜生长对微量元素的需要。

3）开花期管理。开花前后出现粗蔓时，用手指捏一下生长点，可抑制瓜蔓生长。开花后采取人工授粉，促进坐果。开花前后注意喷施含硼、锌等微量元素的叶面肥，每隔 10~15 天喷 1 次，连喷 2~3 次，效果显著。

西瓜肉质恶变果

西瓜肉质恶变果又称倒瓤瓜、水脱瓜、紫瓤瓜、果肉溃烂病，发生于夏季的又称高温发酵瓜。在我国很多西瓜产区都会发生，尤其在夏秋茬种植中发生更为普遍，严重危害了西瓜的产量和品质。

症状 发育成熟的果实，在外观上与正常果一样，剖开时，周围的果肉呈黄褐色（图 2–3），内部果肉正常。发生严重时，果肉内部为紫红色（图 2–4），瓜瓤肉质不佳，病瓜种子周围的瓜瓤溃烂，同时可闻到一股酒味，失去食用价值。

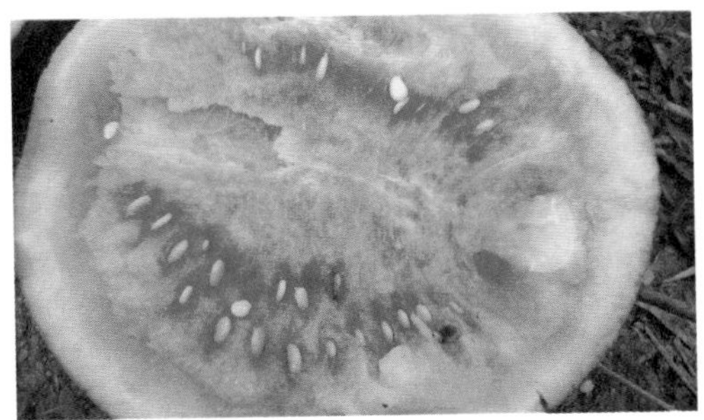

图 2–3　病果周围的果肉恶变

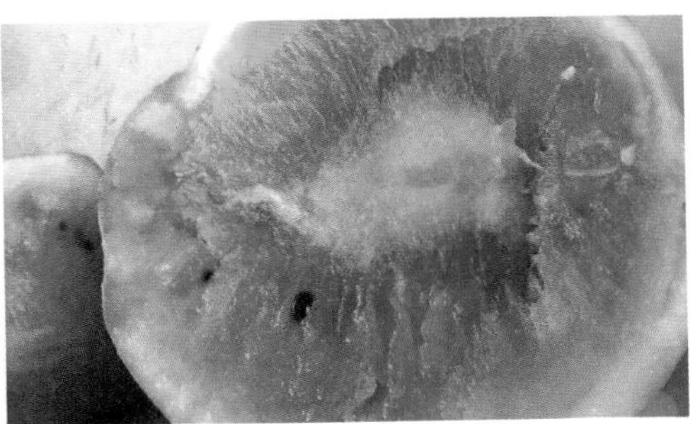

图 2–4　病果内部的果肉恶变

发病原因 1）长期处在 35℃以上的高温条件下，抑制了叶片的光合作用。

2）空气湿度长期在 85% 以上，降低了蒸腾作用，影响根系的吸收能力。

3）光照过强，特别是久旱后暴晴，使叶片、果实温度过高，破坏了细胞正常的生理功能。

4）在连续阴天后骤晴时如果植株出现叶烧症，也容易使瓜肉恶变。

5）膨瓜期干旱缺水或浇水太多造成水涝，以及土壤干湿剧变等影响植物的营养制造。

6）坐瓜后大量整枝，减少了果实内的营养供应。

7）坐瓜后缺肥、植株早衰。

8）病毒病或炭疽病发生严重；在果实发育中后期也会使瓜瓤软化甚至产生异味。

9）不太成熟的西瓜收获后，从果柄处注入乙烯利等催熟剂，也会造成肉质恶变。

防治方法

1）选择抗病品种。夏秋茬西瓜种植时要挑选一些较抗病毒病、耐高温、生育强健、不易早衰的品种。

2）温度、湿度管理。夏季高温时，果实要用叶片覆盖，避免受阳光暴晒，如果叶片不够用，可用报纸或杂草覆盖。覆盖果实可以降低果实温度，减少肉质恶变发病概率。如果条件许可的话，在夏、秋季大棚栽培中，通风降湿、降温是减少肉质恶变发生的重要途径。

3）适当整枝。必要时留 1~2 条侧枝确保植株有一定的功能叶面积，保持较高的光合效率，促进果实的正常发育，但在干旱情况下不要进行整枝。在西瓜根部附近地面铺一些稻草或其他覆盖物，可起到春季保温、夏季降温、保水保湿，减少天气变化对根部的不良影响，在一定程度上减少肉质恶变的发生。

4）加强水肥管理及病害防治。做好大棚周围的排水设施，防止水浸。挂果后需肥需水大增，要适度追肥及增加灌水量，喷施中微量元素叶面肥，使植株生长强健，提高植株抗逆能力，防止早衰现象的发生。病害方面，以防治病毒病、炭疽病、绵腐病、疫病、日灼病等为主。

徒长

西瓜徒长又称疯秧、跑秧，是西瓜生产上最常发生的一种生理现象，因栽培管理不善所致。一旦发生徒长，常造成坐果困难、产量降低、品质下降。

症状 西瓜徒长在西瓜的整个生育期均可发生。苗期主要发生在幼苗定植前，叶片变小、变薄，颜色变浅（图 2–5）。成株期多发生在结果前，主要表现为植株节间加长，茎蔓粗，叶柄细而长，叶片薄而狭长，叶色浅，雌花少而小，不容易坐果（图 2–6）。

图 2–5　西瓜苗期徒长

图 2–6　西瓜成株期徒长

发病原因 1）苗期温度、水肥管理失调，移栽过晚等因素，影响西瓜花芽分化等正常生长发育。

2）生长期水肥管理失调，使植株生长过弱或过旺，引起落花、化瓜。

3）开花期遇到阴雨低温或高温干燥的严酷气候，使授粉受精不良，因而不能坐瓜而发生空秧。

4）种植密度过大或整枝打杈不及时、不合理，造成田间郁闭引起落花落果。

5）极度干旱或水涝及病虫害严重而影响坐瓜等。

防治方法

1）及时定植，给瓜苗留出足够的生长空间，严防瓜苗在苗床因过分拥挤而发生徒长。

2）坐瓜前严格控制追肥、浇水的次数和数量。尤其要控制氮肥的施用量，最好从伸蔓后期至第二雌花开花前一段时间不再追肥，使瓜蔓生长不致过旺。

3）及时打掉多余的侧蔓和子蔓，防止因侧蔓过多造成垄面郁闭、通风不良而使藤叶疯长。

4）对于已经徒长的茎蔓，可通过压蔓、夹蔓等措施限制，或在小瓜前距生长点 3~4 个叶位处，将瓜蔓捏扁，都能较有效地抑制瓜蔓生长，促进坐瓜。

5）棚室栽培时要适时通风、排湿，增加光照，采用大温差管理，避免温度过高引起藤蔓生长过快，同时降低夜温。

化瓜

西瓜化瓜，是指在雌花开放后，幼瓜自然脱落的现象。化瓜会严重影响西瓜结果，导致早期产量低，推迟上市时间。

症状 在开花坐果期间，有的雌花刚开过花，尚未授粉幼瓜就发黄而停止生长发育（图 2–7）；有的虽已经授粉，但到了幼果膨大期，幼果长至一定大小时便停止发育而脱落（图 2–8）。

发病原因 1）雌花没有授粉。西瓜为雌雄同株异花植物，花期如果遇到阴雨天，花粉就会吸湿破裂而死亡，或授粉昆虫较少，雌花不能正常进行授粉，导致子房不能正常膨大生长而脱落。

图 2-7　西瓜授粉前化瓜

图 2-8　西瓜授粉后化瓜

2）雌花花器发育不正常。如花器柱头过短、雌蕊退化、无蜜腺等，都会造成雌花无法授粉，引起西瓜化瓜。

3）营养物质分配不均匀。由于植株生长不协调，营养物质分配不均匀，使幼瓜得不到足够的营养物质而化瓜。

4）花期土壤水分不合理。水分过多，茎叶旺长，导致雌花营养不良而化瓜；反之，水分过少，又导致植株因缺水而落花。

5）环境条件不利。花期温度过高或过低，都不利于花粉管伸长，导致受精不良而引起落花；光照不足，使光合作用受阻，子房暂时处于营养不良状态而导致化瓜。

6）营养生长与生殖生长不协调。营养生长过旺会导致雌花发育不良而引起化瓜。

7）病虫危害引起化瓜。在幼瓜发育过程中发生病虫害，导致幼瓜不能正常生长发育而化瓜。引起化瓜的主要病害是灰霉病、疫病（图 2-9），害虫主要有蓟马、瓜绢螟等。

图 2-9　西瓜疫病引起的化瓜

● 防治方法

1）安排好播种期，避开不利于西瓜开花坐果的时期。

2）加强苗床管理。育苗过程中，应做好苗床管理，保证幼苗在适宜的环境条件下生长，促进花芽分化，降低畸形花出现的概率。

3）加强田间管理。播种前要重施底肥，且以有机肥为主，配施速效氮肥、磷钾肥等；抽蔓期施肥，应酌情减少氮肥用量，并适当控制浇水，使植株生长稳健，避免旺长。

4）人工辅助授粉。在西瓜开花期，于上午 7：00~10：00 把雄花摘下，剥去花冠，用花蕊均匀地涂抹雌花柱头，进行人工授粉。授粉时，动作要轻，以免损伤柱头。

5）控制徒长。生长过旺的植株，在幼瓜正常授粉后，将瓜后茎蔓用力捏一下，这样可减弱水肥向顶端输送的能力，从而集中养分供应幼瓜，减少化瓜现象。

6）及时防治病虫害。在西瓜开花坐果期，可用50%嘧霉胺可湿性粉剂1000倍液或40%腐霉利可湿性粉剂500倍液定期防治。

7）激素处理。可在西瓜开花当天，用0.1%氯吡脲水剂50~200倍液均匀喷洒瓜胎。

畸形瓜

畸形瓜是西瓜生产上比较常见的问题，包括扁平瓜、尖嘴瓜、偏头瓜、葫芦瓜等，严重影响西瓜品质和产量，导致瓜农收益降低。

症状 西瓜果实在生长发育过程中，由于各种因素导致的发育不正常，从而出现畸形，具体如下。

1）扁平瓜（图2-10）。瓜的横茎大于纵茎，呈扁平状，有肩，瓜皮增厚。

2）尖嘴瓜（图2-11）。多发生在长形瓜的品种上，瓜果花蒂部位渐尖，果梗部位膨胀。

图2-10　扁平瓜

图2-11　尖嘴瓜

3）偏头瓜（图2-12）。多表现为果实发育不平衡，一侧生长正常，另一侧停止发育，呈偏头状。

4）葫芦瓜（图2-13）。表现为先端较大，而果柄部位较小。

发病原因 不同形状的畸形瓜，形成的原因也各不行同，具体如下。

1）扁平瓜。保护地栽培时，在低温干燥、多肥、缺钙等条件下易发生。

图 2-12　偏头瓜

图 2-13　葫芦瓜

2）尖嘴瓜。主要是因果实发育期的营养和水分条件不足，果实不能充分膨大。

3）偏头瓜。由于授粉不均匀所引起，授粉充分的一侧发育正常，不充分的另一侧则表现种胚不发育，细胞膨大受阻。

4）葫芦瓜。往往是长果形品种在水肥不足、坐果节位较远时容易发生。

总之，畸形瓜实际就是西瓜花芽分化期或果实发育过程中，遇到不良气候条件或栽培管理不当引起的。缺硼、缺锌会导致花发育不全，从而形成畸形瓜；坐瓜时使用氯吡脲等激素处理不均匀，会产生畸形瓜；坐瓜节位太高或太低，导致营养供应不足而产生畸形瓜；幼果期喷施不安全的农药或激素，也会导致畸形；果实膨大期水肥不足或偏施氮肥，土壤中氮、磷、钾、钙、镁失衡，都会影响幼瓜膨大生长，造成畸形。

● 防治方法

虽然各类畸形瓜的形成原因略有差异，但也有共同特点。一是在花芽分化期或雌花发育期经受低温，形成畸形花而发育成畸形瓜。二是在西瓜果实发育过程中栽培管理不当而发育成畸形瓜。因此，要注意做好以下工作。

1）加强苗期管理，培育壮苗，促使花芽分化良好。

2）开花期可用氯吡脲均匀处理瓜胎，或进行人工辅助授粉。

3）加强水肥管理，特别是在膨瓜期，定期浇水防止果实发育期缺水。

4）选好留瓜部位，一般选主蔓距根部 1 米以上被叶片保护较好的第二或第三雌花。

5）多施有机肥，定期喷施叶面肥，防治西瓜膨大期因缺锌、镁等微量元素而导致畸形。

急性凋萎

急性凋萎是西瓜生长中后期容易发生的一种生理病害，可造成部分茎蔓枯死，严重时整个植株枯死，导致减产。

症状 西瓜结果后期，连续阴天后骤晴，导致部分枝蔓中午出现萎蔫。发病初期，萎蔫的枝蔓可在早晚恢复，经过数次反复，枝蔓枯死（图 2–14）。严重时不能恢复，整株枯死，剖开茎基部，可见维管束没有发生病变。

发病原因 目前发病原因尚不清楚，一般认为有以下几个方面。一是与砧木种类和品种有关，砧木与接穗亲和力差，容易出现急性凋萎。现在已知京欣砧1号、新土佐、全能铁甲不容易发生急性凋萎，而部分品种容易发生。二是地上部与地下部生长不协调，后期植株和果实生长需要大量的水分和养分，而根系供应不上，容易造成急性凋萎。这其中可能是因嫁接方法不同而造成急性凋萎的发生，或者嫁接后砧木与接穗愈和面积较小的也容易发生；也可能因为整枝过度，抑制了根系的生长，加剧了吸水与蒸腾的矛盾，导致急性凋萎；或是因为所留的枝蔓及瓜太多，根系满足不了地上部对水分的需求而引起急性凋萎。三是环境条件不适宜，骤晴后地温升高过快，根系出现高温障碍，造成根系活力下降，吸收水分的能力差，导致急性凋萎。

图 2–14　因急性凋萎而枯死的枝蔓

防治方法

1）选用对急性凋萎有较强抗性的品种。西瓜砧木可改用亲和性强、对品质无不良影响、抗性强的砧木品种，如南瓜砧或冬瓜砧。

2）嫁接时尽量使砧木和接穗接触面积最大化，嫁接后加强苗床管理；选用地下水位低的田块栽培，生产过程中要供水均匀，尤其是在阴雨季节，要注意排水；避免坐果过多，整枝时要确保坐果数和叶数，保持适度的茎叶繁茂，使水分蒸发减少，维持较强的根系活力；生长后期地温较高时，要采用地面覆盖，控制氮肥的用量。

3）定植前在土壤中施用碳酸镁，可以减少嫁接苗萎蔫症状的发生；在果实膨大后期，对叶面喷施 1% 硫酸镁溶液，也可以减少急性凋萎的发生。

空心瓜

症状 空心瓜在外观上与正常西瓜没有区别，只是瓜蒂部位明显往里凹陷，用手指敲击，发出“嗡嗡”的响声。切开后，中部出现空心、瓜瓤成块，好似冬瓜一般（图 2–15），果肉含水量降低，纤维含量明显增多，也有的在边缘发生空洞（图 2–16），严重影响品质。

图 2–15　中部空心

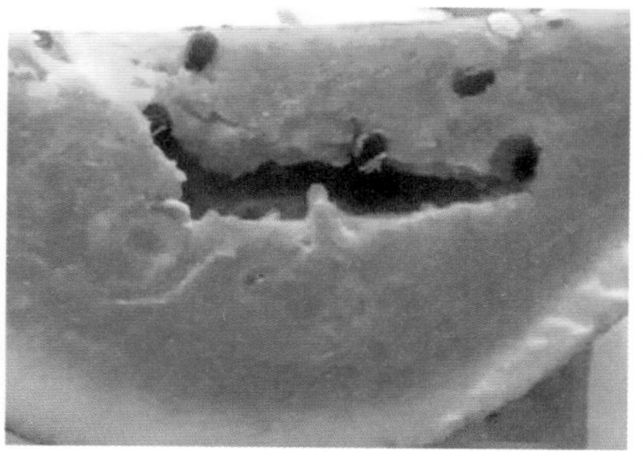
图 2–16　边缘空洞

发病原因 1）坐果时温度偏低。西瓜开花坐果期的适宜温度为 25~30℃，最低日平均温度为 20~21℃。西瓜果实在坐果后（幼果褪毛前）先进行细胞分裂，增加果实内的细胞数量，然后通过细胞膨大而使西瓜果实迅速膨大。如果坐果时温度偏低，细胞分裂的速度变慢，果实内的细胞便达不到足够的数量，后期随着温度升高，果皮迅速膨大，果实内由于细胞数量不足而不能填满内部的空间，所以形成空心。

2）果实发育期阴雨寡照。果实发育必须有足够的营养物质为前提，如果发育期间阴雨天多、光照少，光合作用便受到影响，导致营养物质供应严重不足，影响果实内的细胞分裂和细胞体积的增大，而果皮发育需要的营养相对较少，在营养不足时仍发育较快，从而形成空心。此外，氮肥施用过多、雨水过多或浇水量过大、整枝压蔓不及时等引起植株徒长、茎叶郁蔽，影响光合作用，且茎叶生长与果实争夺养分，也会使果实因养分供应不足而出现空心。

3）坐果节位偏低。第一雌花结的瓜，因坐果时温度低、授粉受精不良，再加上当时的叶面积小，营养物质供应不足，心室容积不能充分增大，以后若遇高温，果皮迅速膨大，也会形成空心。

4）果实发育期缺水。西瓜果实的发育不但需要充足的养分，而且需要足够的水分（但水分太多也不好），若果实膨大期严重缺水，果实内的细胞便因不能充分膨大而形成空心。

5）过熟采收。西瓜在成熟之前，营养物质和水分不断向果实运输，成熟以后，若不及时采收，营养物质和水分就会从果实中流出，出现倒流现象，果实会由于失去水分和营养物质而形成空心。这种现象在果实发育快的品种中更明显。

防治方法

1）及时摘除第 1 节位的幼果，选留第 2~3 节位的果实。

2）开花授粉后至果实膨大期，加强温度和水分管理，使温度保持在 25~30℃，严防田间发生干旱，及时适当灌水，防止脱水，确保果实正常生长发育。

3）多施有机肥，确保平衡施肥，避免偏施氮肥，保证植株正常生长。

裂瓜

裂瓜是西瓜在果实发育过程中，由于管理不善，从瓜脐部自然开裂成两瓣或多瓣的现象，严重影响西瓜的产量和品质。

症状 裂瓜在西瓜的整个果实发育期均可发生，可分为膨大期裂瓜和采收期裂瓜。膨大期裂瓜是幼果在快速膨大期静止的状态下果皮爆裂（图 2-17）；采收期裂瓜是指西瓜成熟后在受到震动时引起的开裂（图 2-18）。

图 2-17 膨大期裂瓜

图 2-18 采收期裂瓜

发病原因 1）品种原因。一般皮薄、质脆、小果型、圆形瓜品种容易裂瓜，而椭圆形和长椭圆形品种不易裂瓜。

2）温度原因。果实发育期突遇降温，随后温度急剧升高，水分蒸腾迅速，果皮脆易裂瓜。

3）水分原因。在西瓜迅速膨大期水分供应不均衡时会引起裂瓜。一般在土壤干旱后突遇暴雨或灌水，特别是西瓜膨大期或采收前期遇到连续阴雨天气，容易造成裂瓜。

4）养分原因。土壤缺乏微量元素，导致西瓜膨大期吸收硼、钙、钾等元素不足，果皮硬度和韧度不够，也易造成裂瓜。

5）激素原因。在西瓜坐瓜期，使用氯吡脲浓度过大，加速细胞分裂，促进细胞增大，从而造成大量裂瓜。

防治方法

1）选择果皮厚度适宜、韧性大、不易裂瓜、抗旱、防裂的品种。

2）要加强栽培管理。采用地膜覆盖栽培，果实膨大初期的温度至少应保持在20℃以上；果实前后留足叶片，以叶遮盖，防止阳光直射果实；防止土壤水分发生剧烈变化。

3）合理施肥。在西瓜发育前期追肥时，要增施磷钾肥，必要时可喷施叶面肥，有利于增强瓜皮韧性。

4）正确使用激素。在使用激素处理时，要按照说明使用，严禁随意加大浓度。

沤根

沤根是西瓜苗期常发生的一种生理性病害。瓜苗的根受害后，根系生长缓慢，吸收养分、水分的能力降低，严重时可造成瓜苗死亡，导致西瓜生育期推迟。

症状 发生沤根后，根部不发新根或不定根，根皮发锈后腐烂，子叶和真叶变薄，地上部生长缓慢，病苗容易拔起，没有根毛，主根和须根变褐腐烂（图2–19）。严重时地上部叶缘焦枯，成片萎蔫干枯，似缺素症（图2–20）。

发病原因 1）低温型沤根。早春育苗期气温低，经常受寒流侵袭，或遇连续阴天或雨雪天气，苗床放风量不够，土温长时间低于12℃，瓜苗生长发育受阻，出现萎蔫，持续时间长就会发生沤根。

2）高温型沤根。夏季高温季节下大雨，排水不良，或苗期大水漫灌，土壤高温、高湿或土壤中含有大量未腐熟的有机物，也会引起沤根和烧根。

图 2-19 西瓜沤根轻度症状

图 2-20 西瓜沤根严重症状

防治方法

主要是做好育苗期和露地栽培时苗期的温度、湿度和土壤管理。

1）低温型沤根。施用充分腐熟的有机肥，畦面一定要平，播种前最好一次浇足底水。有条件的采用大棚套小棚或大棚覆地膜、地热温室、电热线育苗等方法进行控温育苗。加强育苗畦温度、湿度管理，苗期土温控制在 15~25℃，子叶期和两片真叶展开期控制白天温度为 22~28℃、夜温为 13~18℃，土壤含水量控制在土壤最大持水量的 60%~80%。正确掌握放风时间和通风量大小，使幼苗茁壮成长。发生轻微沤根后，要及时松土，提高地温。苗期缺水时严禁大水漫灌。

2）高温型沤根。选择地势高、排水良好的地块育苗或定植。雨后及时排水，采用遮阳网适当遮阴，有条件的采用避雨的方法，防止雨涝。在采用地热温室或电热线育苗或栽培的情况下，要注意降低地温和散发水分。早春或夏季育苗，最好采用营养土方、塑料钵或育苗箱等，均可有效地预防沤根发生。

脐腐病

西瓜脐腐病是西瓜幼瓜膨大期容易发生的一种生理性病害，防治不及时，常造成大量幼瓜从脐部腐烂，失去商品价值。

症状 该病主要危害果实。发病初期，果实脐部出现水浸状暗绿色或深灰色病斑，随病情发展，病斑很快变为暗褐色，病部瓜皮失水，脐部呈扁平或凹陷状，病斑一般不腐烂（图 2-21）。空气潮湿时病瓜常被某些真菌腐生，出现黑色霉层（图 2-22）。

图 2-21　西瓜脐腐病轻度症状

图 2-22　病瓜出现黑色霉层

发病原因

1）品种。该病的发生与品种有关，有些品种很容易发生脐腐病。

2）缺钙。土壤含盐量少、酸化，尤其是砂性较强的土壤会出现供钙不足。在盐渍化土壤中，虽然土壤含钙量较高，但因土壤可溶性盐类浓度高，根系对钙的吸收受阻，也会导致植株缺钙。施用铵态氮肥或钾肥过多时也会阻碍植株对钙的吸收，从而诱发脐腐病。

3）缺水。在果实迅速膨大期，土壤干旱供水不足，或忽旱忽湿，使根系吸水受阻，由于叶片蒸腾量大，果实中原有的水分被叶片夺走，导致果实大量失水、果肉坏死，诱发该病。

4）激素。在保花保果时，激素使用浓度过大，会诱发脐腐病。

防治方法

1）选择优良品种。种植时应选用脐腐病发病概率小的品种。

2）科学施肥。在砂性较强的土壤中，每茬西瓜都应多施腐熟的鸡粪，如果土壤出现酸化现象，应施用一定量的石灰，避免一次性大量施用铵态氮肥和钾肥。

3）均衡供水。果实膨大期，定期浇水，保持土壤湿润，防止土壤湿度发生剧烈变化。在多雨季节，平时要适当多浇水，以防下雨时土壤水分含量突然升高。大雨后要及时排水，防止田间长时间积水。

4）叶面补钙。进入结果期后，可用 0.1%~0.3% 氯化钙或硝酸钙溶液，进行叶面喷施，每隔 7~10 天喷 1 次。

缺钙

西瓜缺钙是一种生理病害，一旦缺钙，细胞分裂便不能进行或不能完成，所以，西瓜缺钙时，植株顶端生长就会受阻，严重影响西瓜的正常生长和发育。

症状 西瓜缺钙主要表现为叶片皱缩，向外侧卷曲，呈降落伞状（图 2–23），严重时植株顶部一部分叶片变为褐色坏死，茎蔓停止生长。另外，在花芽分化时，进入子房中的钙元素不足，还容易引起果实畸形；在果实生长中后期，还容易引起裂瓜（图 2–24）。

图 2–23　西瓜叶片轻度缺钙症状

图 2–24　缺钙引起裂瓜

发病原因 钙在木质部和韧皮部内的运输能力常常依赖于蒸腾作用的大小，因此，老叶中往往钙含量特别多。但是植株的顶芽、侧芽、根尖这些分生组织的蒸腾作用比较弱，依靠蒸腾作用补充的钙就会少很多，所以顶芽、侧芽、根尖这些地方就容易缺钙，造成顶端生长受阻，叶片出现皱缩甚至不能伸展。

● 防治方法

1）采用水肥一体化栽培是防止缺钙最有效的方法，值得大力推广。

2）坐果前补钙可以确保雌花丰满，出花规整。西瓜开花前，用 11% 硼砂 1000 倍液和硝酸钙 250 倍液的混合液喷雾，每隔 7~10 天喷 1 次，连喷 2~3 次。

3）西瓜坐果后对各元素的需求量直线上升，可以用硼酸 1000 倍液和硝酸钙 250 倍液的混合液喷施，每隔 7~10 天喷 1 次，连喷 2~3 次。

缺磷

磷能提高西瓜的抗逆性（抗病、抗寒、抗旱），促进根系发育（特别是根系的生长），加速花芽分化，对提早开花和成熟也有重要作用。磷还参与作物的能量转化、光合作用、糖分和淀粉的分解、养分转运及性状遗传等重要生理活动。

目前，多数农户对磷肥都有足够的认识，特别是在西瓜生产时施用磷肥更多，因此一般较难见到缺磷的情况。但是，在西瓜生长发育期间，由于种种原因，也会造成缺磷现象的发生。

症状 西瓜缺磷首先表现在叶片上，叶片小、无光泽，背面呈紫色，植株矮小（图 2–25、图 2–26），开花迟，而且容易落花和化瓜，果肉中往往出现黄色纤维和硬块，甜度下降。

图 2–25 西瓜缺磷苗期症状

图 2–26 西瓜缺磷后期症状

发病原因 1）土壤酸碱度。pH 小于 6 时，随着 pH 下降，磷的吸收利用率急剧下降；pH 大于 7 时，大部分磷又会被固定成无效磷；pH6~7 是磷吸收利用率较高的区域。连年种植西瓜的地块，土壤已经酸化，速溶磷被铁、铝固定，失去活性。

2）磷与其他金属元素产生拮抗作用。磷易与钙、锌、铁等元素产生拮抗作用，使磷和微量元素都无法被作物吸收，这是土壤超量施磷肥后的恶果。

3）磷在土壤中移动性差。磷在土壤中只能移动 1 毫米，氮在土壤中的移动性比磷高 20 倍，所以根系只能在土壤中主动寻找磷，而地势低洼、地下水位浅、排水不良也会使磷的活性大大降低，导致速效磷不足。

4）温度变化也会影响磷的吸收。温度从 21℃降低到 13℃，即温度下降 8℃，磷的吸收利用率会下降 70%。因此，地温低的状态下，西瓜很难吸收到足够的磷，同样也会发生缺磷现象。

● 防治方法

西瓜对磷肥敏感，每 100 克土壤中含磷量应在 30 毫克以上，低于这个指标时，需要在土壤中增施磷。在整地时，每亩可增施 14% 过磷酸钙 50 千克。开花坐果期，可对叶面喷洒 0.2%~0.3% 磷酸二氢钾溶液 2~3 次。

缺钾

钾是西瓜生长发育必需的大量元素之一，一旦缺钾，则植株不能正常生长发育，导致西瓜产量和品质明显降低。缺钾是西瓜生长发育期间最容易发生的一种生理性病害。

症状 西瓜缺钾主要表现为叶色暗淡无光泽，叶缘出现黄边（图 2–27）。严重时，变黄部分向内扩展，可到达叶脉，后期造成叶片焦枯（图 2–28），同时坐果率降低，幼果生长缓慢，果个较小；植株茎蔓细弱，抗逆性降低，疏导组织衰弱，养分的合成及运输受阻，进而影响果实中糖分的积累，含糖量不高。

图 2–27 西瓜缺钾轻度症状

图 2–28 西瓜缺钾重度症状

发病原因 1）土壤中自然态有效钾含量少。土壤中的钾含量为 0.5%~2.5%，但绝大部分以难溶性的矿物质形态存在，可以被西瓜吸收利用的钾只占钾全量的 1%~2%，而且有效钾含量随着土壤黏性、矿物质的种类、胶体种类、耕作条件、微生物环境和施肥条件不同而存在很大差异。

2）西瓜所需氮、磷、钾的比例为 2∶1.1∶1。在西瓜生产中人们往往重氮轻钾，地温低、日照不足会妨碍西瓜对钾元素的吸收；施用氮肥或硫酸镁过多，会对钾元素的吸收产生拮抗作用，抑制西瓜对钾的吸收，从而导致缺钾症状发生。

防治方法

1）秸秆还田，可提高土壤中钾元素的含量。

2）西瓜属喜钾作物，在其一生中吸收钾元素的量最多，所以要多施优质硫酸钾肥料。施用化肥时，氮、磷、钾要合理搭配，防止氮肥施用过多。坐果后，应随浇水进行追肥，即浇水 1 次追肥 1 次，每次每亩用硫酸钾速溶性复合肥 5~10 千克（苗期缺钾时每亩用 3~5 千克，伸蔓后每亩用 8~10 千克），也可用 0.4~0.5% 硫酸钾溶液进行叶面喷施，或用 0.5% 磷酸二氢钾溶液喷施茎叶效果更好。

缺镁

镁是叶绿素的成分，对光合作用起着重要的作用。由于镁以离子状态存在于植物体内，再转移能力很强，所以西瓜缺镁症状首先从下部老叶开始显现。

症状 当西瓜缺镁时，主要表现在基部老叶主脉附近的叶脉间褪绿发黄，但叶脉仍保留绿色（图 2–29）；发生严重时，可使基部大量叶片变黄，出现枯死症状（图 2–30）。如果在膨瓜期出现缺镁，会严重影响西瓜的长势，使产量下降。

图 2–29　西瓜缺镁轻度症状

图 2–30　西瓜缺镁重度症状

发病原因 1）土壤缺镁，特别是酸性土壤易发生。

2）土壤虽不缺镁，只是过量施用其他肥料，如钾肥、硫酸铵等，造成拮抗作用，抑制了西瓜对镁的吸收。

3）高温时期西瓜对镁的吸收量增加，如广东、海南在西瓜苗期遇高温，缺镁现象普遍发生。

防治方法

1）对缺镁地块，除施用复合肥外，每亩还要增施钙镁磷肥 20 千克。增施有机肥，不过量施用氮肥、钾肥及钙肥，注意平衡施肥。

2）改善土壤酸性，可施用镁石灰或其他能中和土壤的物质。

3）对叶面喷施硫酸镁溶液，吸收快。从移栽后开始喷施 1%~2% 硫酸镁溶液，每隔 7~10 天喷 1 次，可快速补救西瓜缺镁造成的影响。

缺硼

硼是西瓜生长发育必需的微量元素之一，缺硼现象在西瓜栽培中常年发生，由于其症状与西瓜病毒病相似，瓜农常把其错当作病毒病来防治，结果误了最佳防治时期，导致减产。西瓜缺硼为生理性病害，不会传染，但不及时补充，将导致植株生育衰退，化瓜严重，严重时可造成绝收。

症状 西瓜缺硼在新梢上表现明显。新梢向上直立，节间变短，生育停滞，叶片变小（图 2–31）；缺硼严重时，叶片皱缩不平，叶色浓淡不均，新梢附近基部发生横裂，极脆易断（图 2–32）。花蕾表现为花粉粒形成不良，花粉的发芽率低，导致受精结果不良（图 2–33）。

图 2–31 西瓜缺硼轻度症状

图 2–32 西瓜缺硼重度症状

发病原因 一般情况下，酸性或砂质土壤比较容易缺硼；土壤干旱，会造成土壤中可溶性硼含量少，满足不了植株迅速生长的需要，也可引起缺硼；钾肥施用过多，会影响西瓜对硼的吸收。

图 2–33 西瓜缺硼花蕾症状

防治方法

1）整地时，增施有机肥。施肥要以有机肥为主。每亩可施腐熟的有机肥 5000 千克以上。以硼肥作为基肥，可视情况每亩施 21.7% 四水八硼酸钠 0.5~1 千克，与有机肥混合在一起施用。不宜

西瓜缺硼症状的识别

与过磷酸钙和尿素混施，以防硼元素被固定或钝化。

2）在西瓜伸蔓期至结果期，可用 0.1%~0.2% 四水八硼酸钠溶液进行叶面喷施，每隔 5~7 天喷 1 次，连喷 3~4 次即可。配合芸苔素内酯使用的效果更佳。

3）发现瓜田里有干旱迹象时要及时浇水，以提高土壤中可溶性硼的含量，满足西瓜生长对硼的需要，预防缺硼的发生。

缺锌

锌有促使西瓜增强光合作用、利于吲哚乙酸等生长素形成、促进氮素代谢等作用。一旦缺锌，植株生长缓慢，叶片发育不良，严重影响西瓜的产量和品质。

症状 西瓜缺锌主要表现在新叶上。发生初期，新梢丛生，新叶发黄（图 2-34），茎蔓纤细，生长缓慢，节间短，叶片发育不良，向叶背翻卷，且有叶尖和叶缘变褐、焦枯等不良现象。开花少，坐瓜难，化瓜严重。

图 2-34 西瓜缺锌症状

发病原因 土壤呈碱性时，即使土壤中有足够的锌，也不易溶解或被吸收；土壤内有机质和有效锌含量少，土壤水分过少时，易缺锌；土壤中铜等元素不平衡也是缺锌的原因；光照过强或吸收磷过多，易出现缺锌。

防治方法

1）整地时，改良土壤，调节土壤 pH 在 5.5~6.5 之间，提高根系吸收锌的能力。制定合理的施肥方案，平衡施肥，增施有机肥，不偏施磷肥，同时每亩施 1~2 千克硫酸锌作为底肥。

2）定期浇水，防治田间过度干旱温度过高。

3）在西瓜生长发育期出现缺锌时，可用 0.1% 硫酸锌溶液进行叶面喷施，每隔 10 天喷 1 次，连喷 3~4 次。

日灼病

西瓜日灼病是西瓜夏秋季栽培中发生最普遍的一种生理性病害，在高温强光的长时间照射下，西瓜向阳面被灼伤，使西瓜失去商品性。

症状 西瓜果实和叶片易发生日灼病。果实在高温条件下，被强光长时间照射后，向阳面出现白色圆形或不规则形大小不等的白斑（图 2–35），湿度较大时，病部常感染其他病菌。叶片在高温干燥的环境条件下，向阳叶片表面细胞被灼伤，叶片表面变白失绿，严重时可焦枯（图 2–36）。

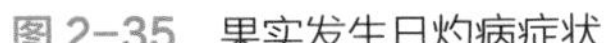
图 2–35 果实发生日灼病症状

图 2–36 叶片发生日灼病症状

发病原因 日灼病是由于强光直接长时间照射所致，病斑多发生在朝向西南方向的果实上。这是因为在一天中，温度最高、光线最强的时间是 13:00~14:00，此时太阳正处于偏西南方向。日灼斑的产生是由于被强光直射的部位表皮细胞温度增高，导致细胞死亡。此外，水肥不足导致植株生长过弱，枝叶不能遮挡果实都会增加发病概率。

● 防治方法

1）合理密植。种植密度不能过于稀疏，避免植株生长到高温季节仍不能“封垄”，使果实暴露在强烈的阳光之下。有条件时可进行遮阳网覆盖栽培。

2）加强水肥管理，定期浇水，防止土壤干旱和田间温度过高。

3）套种玉米等遮阳作物。在西瓜行间套种 1 行玉米，利用玉米较长的叶片进行遮阳，或利用田间杂草盖瓜，可降低日灼病的发生概率。

无头苗

西瓜在生长过程中，常因为管理不善，形成无头苗（也称为封顶苗），造成植株无法正常开花结果。尤其在早春提前栽培时，发生较多。

症状 西瓜幼苗在生长过程中生长点退化或消失，不能正常抽出茎蔓（图2–37），只有2片子叶，后期部分植株虽能形成几片真叶，但没有生长点，无法正常开花结果（图2–38）。

图2–37 西瓜无头苗初期症状

图2–38 西瓜无头苗后期症状

发病原因 形成无头苗的原因主要与环境条件关系密切。

1）在幼苗生长期遇较长时间的低温时，幼苗根系活动减弱，植株同化作用削弱，造成营养生长衰弱，容易形成无头苗。

2）施肥过多，发生烧根或营养土“营养不足”。

3）育苗时使用陈旧种子或瘪种子，均可形成无头苗。

4）苗期发生病害或药害，导致生长点坏死，形成无头苗。

防治方法

1）选用生活力强的饱满优质的新种子。

2）育苗所用营养土应严格按比例配制，严禁使用未经腐熟的有机肥和鸡粪育苗。

3）用充分腐熟的牛粪或土杂肥作为有机肥，且要混合均匀。

4）育苗时保持适宜的苗床温、湿度，确保幼苗正常生长。

5）所用药剂一定要严格按照使用说明配制，不要随意增加浓度，以免发生药害。

第三章

西瓜主要虫害

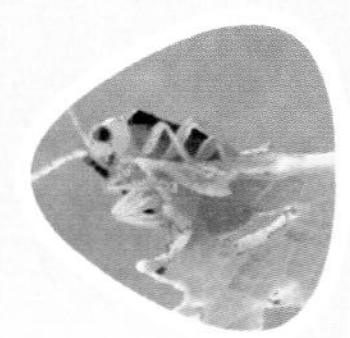

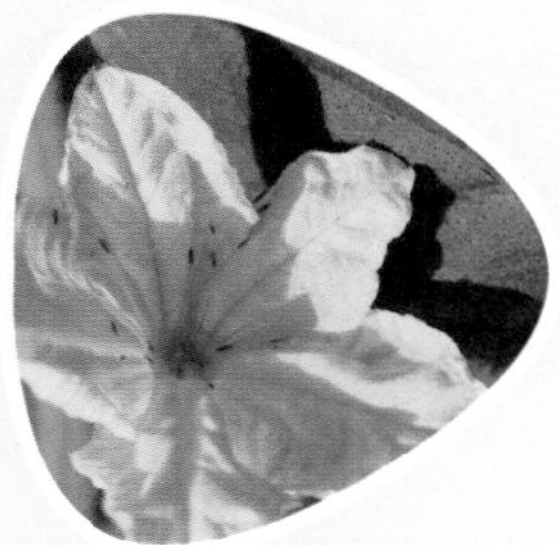

朱砂叶螨

分布与危害 朱砂叶螨别名棉红蜘蛛、红叶螨、玫瑰赤叶螨，属蛛形纲、真螨目、叶螨科。该螨属于世界性害螨，在全国各西瓜产区均有发生，可危害的蔬菜主要有茄果类、瓜果类、豆类、葱蒜类和叶菜类等 18 种。

症状 主要以成螨在叶背吸取汁液。叶片受害后，初期出现灰白色的小点，后变成浅红色小斑点（图 3–1）。严重时，多个斑点连成片，并在茎、叶上形成一层薄丝网，导致整个叶片发黄、皱缩，逐渐焦枯（图 3–2），严重影响植株的生长发育，使植株生长不良，幼瓜受害后硬化，茸毛变黑，造成落瓜。

图 3–1 叶片轻度受害症状

图 3–2 叶片严重受害症状

形态特征 1）卵。圆形，直径为 0.13 毫米。初产时无色透明，后渐变为橙红色（图 3–3）。

2）幼螨。初孵幼螨体呈近圆形，浅红色，长 0.1~0.2 毫米，足 3 对。

3）若螨。幼螨蜕 1 次皮后为第一若螨，比幼螨稍大，略呈椭圆形，体色较深，体侧开始出现较深的斑块，足 4 对。此后雄若螨即老熟，蜕皮变为雄成螨；雌若螨，第一若螨蜕皮后成第二若螨（体形比第一若螨大），再次蜕皮才成雌成螨。

4）成螨（图 3–4）。雌成螨，体色变化较大，一般呈红色，也有的呈褐绿色等，

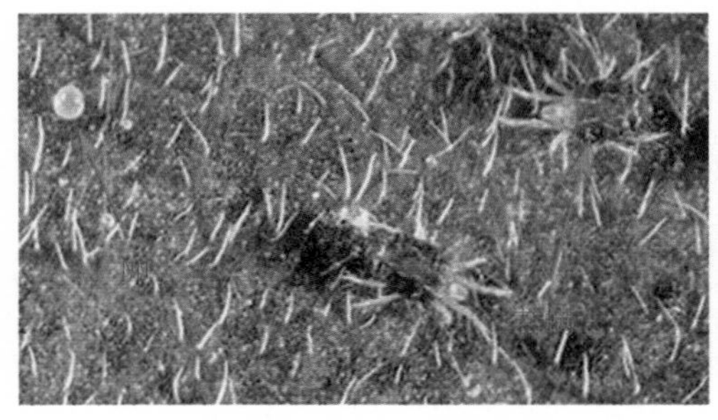

图 3–3 朱砂叶螨卵和若螨

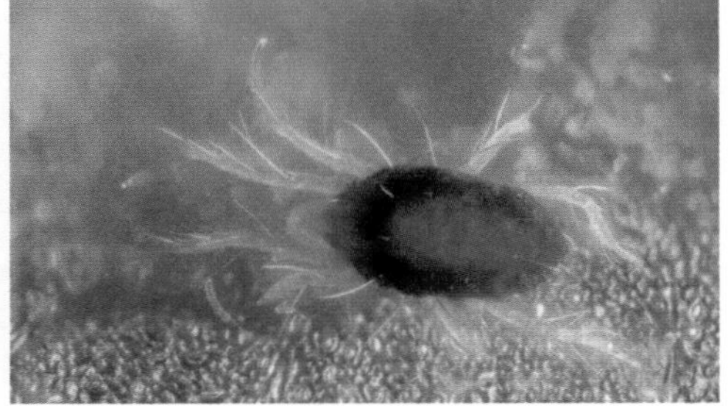

图 3–4 朱砂叶螨成螨

足 4 对；体长 0.38~0.48 毫米，卵圆形；体背两侧有块状或条形深褐色斑纹，斑纹从头胸部开始，一直延伸到腹末后端，有时斑纹被分隔成 2 块，前一块大些。雄成螨，略呈菱形，稍小，体长 0.3~0.4 毫米，腹部瘦小，末端较尖。

发生规律 朱砂叶螨在北方 1 年发生 12~15 代，在长江流域 1 年发生 18~20 代，在华南地区 1 年发生 20 代以上。以雌成螨在草根、枯叶、土缝或树皮裂缝内吐丝结网群集越冬，最多可达上千头。春季气温达 10℃以上时，越冬雌成螨开始大量繁殖。先在杂草或其他寄主上取食，繁殖 1~2 代后，靠爬行或风雨传播扩散到蔬菜田、花生田、棉田或果树等作物上产生危害。在繁殖数量过多、食料不足时常在叶端群集成团，滚落到地面，被风刮走，从而向四周爬行扩散。其扩散和迁移主要靠爬行、吐丝下垂或风力，也可随水流扩散。雌成螨为两性繁殖，雌、雄成螨一生可多次交配；成螨羽化后即交配，第二天就可产卵，每头雌成螨能产 50~110 粒卵，多产于叶背。也可孤雌生殖，其后代多为雄性。发育适宜温度为 29~31℃，相对湿度为 35%~55%。

幼螨和若螨共蜕皮 2~3 次，每次蜕皮前要经 16~19 小时的静伏，不食不动，蜕皮后即可活动和取食。后期若螨活泼贪食，有向上爬的习性。干旱少雨时朱砂叶螨发生严重，暴雨对其发生有明显的抑制作用。轮作田发生轻，邻作或间作瓜果类的田块发生较重。

发生特点 4 月下旬 ~5 月上旬朱砂叶螨迁入田间危害，6~7 月为发生盛期，对春西瓜可造成局部危害。6~8 月进入盛发期，7 月中旬雨季到来时，朱砂叶螨发生量迅速减少，8 月若天气干旱可再次大面积发生。9 月中下旬秋西瓜收获后迁往其他植物上寄生，10 月下旬开始越冬。

防治方法

1）农业防治。在西瓜生长发育期间和收获后，都要及时清除田埂、路边和田间的杂草及枯枝落叶并集中烧毁，耕整土地以消灭越冬虫源。

2）生物防治。保护和利用天敌，主要有小黑瓢虫、小花蝽、六点蓟马、中华草蛉、拟长毛钝绥螨、智利小植绥螨等。一般经过 6~7 天，害螨将下降 90% 以上。

3）化学防治。当被害株率达 20% 或田间点片发生时，可选用药剂进行防治。早春、晚秋因温度较低可选用 1.8% 阿维菌素乳油 1000 倍液或 1.8% 阿维 · 甲氰乳油 2000 倍液进行喷雾防治；夏、秋季可选用 5% 唑螨酯悬浮剂 2000 倍液进行喷雾防治。

虫害发生严重时，可选用 20% 阿维 · 螺螨酯悬浮剂 2500 倍液、12% 阿维 · 乙螨唑乳油 1500~2000 倍液、16% 四螨 · 哒螨灵可湿性粉剂 1500 倍液或 40% 联肼 · 螺螨酯悬浮剂 2000 倍液等药剂进行喷雾防治，每隔 7~10 天喷 1 次，连喷 2~3 次。注意药剂应交替使用，以免产生抗药性；喷药要均匀，一定要喷到叶背面。另外，对田边的杂草等寄主植物也要喷药，防止害螨扩散。

小地老虎

分布与危害 小地老虎属鳞翅目、夜蛾科，别名土蚕、地蚕、黑土蚕、黑地蚕、切根虫等，其他地老虎还有大地老虎、黄地老虎、警文地老虎等，分布在全国各西瓜产区。其寄主为各种蔬菜及农作物幼苗，是许多作物在苗期的主要地下害虫之一。

症状 小地老虎主要以幼虫进行危害。1~3 龄幼虫昼夜均可群集于幼苗顶心嫩叶处，昼夜取食，这时食量很小，危害也不十分显著。4 龄后进行分散危害，白天潜伏于表土的干湿层之间，夜晚出土从地面将幼苗茎基部咬断后拖入土穴或咬食未出土的种子，幼苗主茎硬化后改食嫩叶及生长点。5~6 龄幼虫食量大增，每条幼虫一夜能咬断幼苗 4~5 株，多的达 10 株以上，造成缺苗断垄，严重的甚至毁种。

形态特征 1）卵。半球形，直径约为 0.6 毫米，表面有纵横相交的隆线，有些纵线 2~3 叉形。初产为乳白色，后变为黄褐色，有红晕圈，孵化前有黑点。

2）幼虫。末龄幼虫体长 37~50 毫米，头宽 3.2~3.5 毫米，黄褐色至黑褐色，表皮粗糙，布满大小不等的颗粒，尤以深色处最明显。头部后唇基呈等边三角形，颅中沟很短，额区直达颅顶，顶呈单峰。腹部 1~8 节背面各有 4 个毛片，后 2 个比前 2 个大 1 倍以上。臀板为黄褐色，有 2 条明显的深褐色纵带（图 3–5）。

3）蛹。体长 18~24 毫米，红褐色至暗褐色。腹部第 4~7 节基部有 1 圈刻点，背面的大而色深。腹末端有臀棘 1 对（图 3–6）。

图 3–5　小地老虎幼虫

图 3–6　小地老虎蛹

4）成虫。体长 17~23 毫米，翅展 40~54 毫米，全身为灰褐色。前翅有 2 对横纹，翅基部为浅黄色，外部为黑色，中部为灰黄色，并有 1 个圆环，肾纹为黑色；后翅为灰白色，半透明，翅周围为浅褐色。雄蛾触角基半部为双栉齿状，端半部呈丝状（图 3–7）；雌蛾触角呈丝状（图 3–8）。

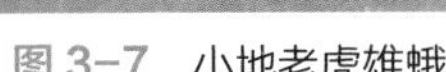
图 3–7 小地老虎雄蛾

图 3–8 小地老虎雌蛾

发生规律 1）发生世代。1 年发生代数由北至南不等，黑龙江省 2 代，北京地区 3~4 代，江苏省 5 代，福州地区 6 代。无论年发生代数多少，在生产上造成严重危害的均为第一代幼虫。

2）一般以幼虫和蛹在土壤中越冬，第二年 3 月下旬 ~4 月上旬大量羽化。第一代幼虫发生量最多，危害最严重。

防治方法

1）加强管理。杂草是引诱地老虎产卵和初期取食的最好寄主。管理粗放，导致杂草越来越多，幼虫成活率也越高，其危害就越严重。因此，育苗或定植前，要先清除田间、地头、沟边等处的杂草。

2）生物防治。可利用其天敌如知鸟、鸦雀、蟾蜍、鼬鼠、步行虫、寄生蝇、寄生蜂、细菌及真菌等。在杭州地区寄生蜂和小茧蜂的寄生率达 10%。

3）诱杀成虫。于成虫盛发期，在田间设置糖醋酒盆诱杀成虫，糖、醋、酒诱杀液配制比例为红糖 6 份、醋 3 份、酒 1 份、水 10 份，再加适量敌百虫等农药即成，也可用甘薯、胡萝卜等发酵液诱杀成虫。

4）诱捕幼虫。用泡桐叶或莴苣叶引诱幼虫，于每天清晨到田间捕捉。对于高龄幼虫，也可在清晨到田间检查是否有断苗，若有便拨开断苗附近的土块，进行捕杀。

5）毒饵诱杀。一般虫龄较大时可采用毒饵诱杀，可选用 90% 晶体敌百虫 0.5 千克或 50% 辛硫磷乳油 500 毫升，加水 2.5~5 升，喷在碾碎炒香的 50 千克棉籽饼、豆饼或麦麸上，于傍晚在受害作物田间每隔一定距离撒一小堆，或在作物根际附近围施，每公顷用 75 千克。

6）药剂防治。小地老虎 1~3 龄幼虫期抗药性差，且暴露在寄主植株或地面上，此时是喷药防治的最佳时期。可选用 10% 除尽悬浮剂 2000 倍液或 20% 氯虫苯甲酰胺悬浮剂 2000 倍液等药剂于傍晚进行喷雾，植株、地面都要喷均匀。

4~6 龄幼虫，因其隐蔽性强，药剂喷雾难以防治，可使用撒毒土和灌根等方式进行防治。可选用 50% 辛硫磷 1000 倍液浇灌或 5% 丁硫克百威颗粒剂 3~5 千克 / 亩撒施后浇水，也可将 50% 辛硫磷乳油 500 毫升加水适量后，喷拌细土 50 千克配成毒土，每亩 20~25 千克顺垄撒施于幼苗根部附近。

瓜蚜

分布与危害 瓜蚜一般指棉蚜，俗称腻虫、蜜虫等，属同翅目、蚜科，在全国各西瓜产区均有发生，主要危害黄瓜、南瓜、西葫芦、西瓜、葫芦、豆类、茄子、菠菜、葱、洋葱等蔬菜，也危害棉、烟草、甜菜等作物。

症状 以成虫和若虫在叶背和嫩茎上吸食植物汁液。叶片受害后，会出现卷缩畸形，无法展开（图 3-9）；生长点被害后停止生长，瓜苗萎缩，甚至枯死（图 3-10）。老叶受害后，提前枯落，结瓜期缩短，造成减产。

图 3-9 叶片被瓜蚜危害症状

图 3-10 瓜苗被瓜蚜危害症状

1）卵。长约 0.5 毫米，椭圆形，初产时为橙黄色，后变为黑色，有光泽。

2）干母。体长 1.6 毫米，卵圆形，暗绿色至黑绿色，无翅。

3）无翅蚜。雌蚜体长 1.5~1.9 毫米，体色在春、秋两季温度较低时为深绿色，体形稍大，夏季高温时为浅绿色，体形较小，体表常有霉状薄蜡粉。雄蚜体长 1.3~1.9 毫米，狭长卵形，有翅，为绿色、灰黄色或赤褐色（图 3-11）。

4）有翅蚜。有翅胎生雌蚜体长 1.2~1.9 毫米，为黄色、浅绿色或深绿色。有 2 对翅；头胸大部分为黑色，腹部两侧有 3~4 对黑斑，触角短于身体（图 3–12）。有翅性母蚜，体为黑色，腹部微带绿色。产卵雌蚜有翅，体长 1.4 毫米，草绿色，透过表皮可看到腹中的卵。

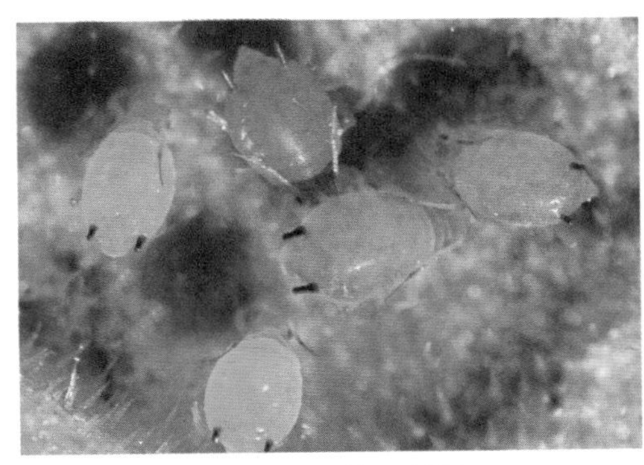

图 3–11 瓜蚜无翅蚜

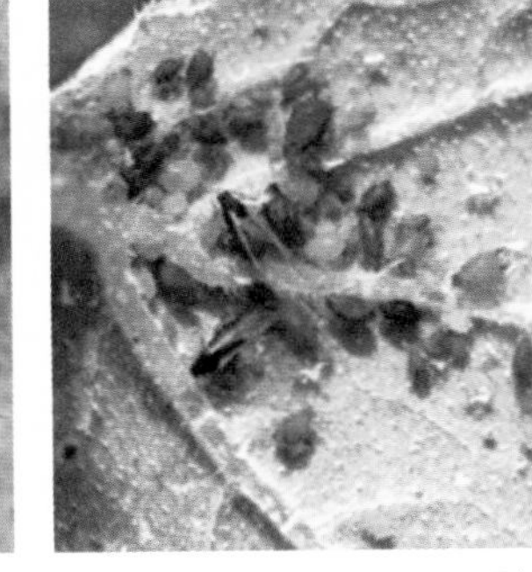

图 3–12 瓜蚜有翅蚜

发生规律 1）发生世代。在辽宁北部地区 1 年可繁殖 20 代左右，在长江流域 1 年繁殖 20~30 代，可终年辗转于保护地和露地之间进行繁殖危害。

2）越冬。以卵在夏枯草、车前草、苦荬菜等草本植物，以及花椒、木槿、石榴等木本植物上越冬。

3）发生时期。每年 4 月，当 5 天平均气温达到 6℃时，越冬卵孵化为干母，达 12℃时开始胎生干雌，在越冬植物上繁殖 2~3 代后产生的翅蚜，于 5 月迁飞到菜园、瓜田。6~7 月出现危害高峰。

4）环境因素。瓜蚜繁殖的适温为 16~22℃。干旱或暑热期间，遇小雨或阴天气温下降，利于种群繁殖，数量迅速增多；暴风雨天气常使种群数量锐减。密度大或当营养条件恶化时，产生大量有翅蚜并迁飞扩散。

防治方法

1）加强管理。清除地头、路边、沟边等处的杂草，破坏菜田周围蚜虫越冬的场所，消灭木槿、石榴、花椒等植物上的瓜蚜越冬卵。

2）利用防虫网覆盖育苗。

3）利用黄板诱蚜或银灰色膜避蚜，以减轻危害。

4）药剂防治。播种前，可用 60% 吡虫啉悬浮种衣剂按照药种比 1∶200 拌种；在瓜蚜点片发生期开始喷药，可选用 70% 吡虫啉水分散粒剂 25000~30000 倍液、20% 苦参碱可湿性粉剂 2000 倍液、10% 氟啶虫酰胺腈 4000 倍液、10% 烯啶虫胺可湿性粉剂 2500 倍液或 50% 吡蚜酮可湿性粉剂 2500 倍液等药剂进行喷雾防治。喷雾时喷头应向上，重点喷施叶片背面，将药液尽可能喷到瓜蚜上。保护地栽培时可选用 15% 敌敌畏烟剂 400~500 克或 10% 异丙威烟剂 300~400 克，在棚室内分散放 4~5 堆，暗火点燃，密闭棚室，第二天通风换气即可。

美洲斑潜蝇

分布与危害 美洲斑潜蝇属双翅目、潜蝇科、斑潜蝇属，俗称鬼画符、夹皮虫、蔬菜斑潜蝇、蛇形斑潜蝇等，原产于美洲，是一种危险性检疫害虫。我国自 1994 年在海南首次发现后，现已扩散到除西藏等少数地区以外的全国各地，成为威胁蔬菜生产的一种重要害虫。该虫分布广、适应性强、繁殖快、寄主广泛、危害严重，其中以豆类、瓜类、茄果类、伞形花科、菊科等受害最重，受害率可达 30%~100%，减产 30%~40%，甚至绝收，是世界上危害最为严重和危险的多食性斑潜蝇之一。

症状 美洲斑潜蝇成、幼虫均可产生危害。雌成虫通过飞翔把植物叶片刺伤，进行取食和产卵。卵孵化后，幼虫在叶片内潜食叶肉，产生不规则蛇形白色虫道，叶绿素被破坏，影响光合作用，严重时全叶叶肉被取食殆尽（图 3–13）。

形态特征 1）卵。椭圆形，大小为（0.2~0.3）毫米 ×（0.1~0.15）毫米，米色，稍透明，肉眼不易发现，常产于叶表皮下的栅栏组织内。

2）幼虫。蛆形，分为 3 个龄期，1 龄幼虫几乎是透明的，2~3 龄变为鲜黄色，老熟幼虫可达 3 毫米，后气门突呈圆锥状突起，顶端三分叉，腹末端有 1 对形似圆锥的后气门（图 3–14）。

图 3–13 叶片被美洲斑潜蝇危害症状

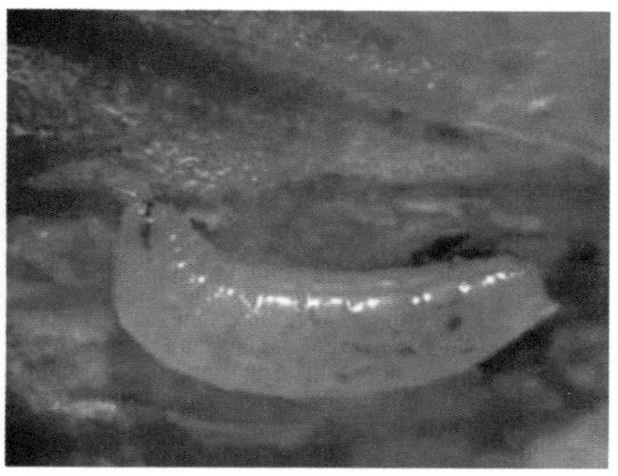

图 3–14 美洲斑潜蝇幼虫

3）蛹。椭圆形，橙黄色，腹面稍扁平，大小为（1.7~2.3）毫米 ×（0.50~0.75）毫米，腹部稍扁平，初化蛹时为鲜橙色，逐渐变为暗黄色。后气门三叉状（图 3–15）。

4）成虫。小型蝇类，较小，体长 1.3~2.3 毫米，浅灰黑色，胸背板为亮黑色，体腹面为黄色，雌虫体比雄虫体大。雄虫腹末端为圆锥状，雌虫腹末端为短鞘状。颚、颊和触角为亮黄色，眼后缘为黑色。中胸背板为亮黑色，小盾片为鲜黄色，足基节、腿节为黄色，前足为黄褐色，后足为黑褐色，腹部大部分为黑色，但各背板的边缘有宽窄不等的黄色边。翅无色透明，翅长 1.3~1.7 毫米，翅腋瓣为黄色，边缘及缘毛为黑色，平衡棒为黄色（图 3–16）。

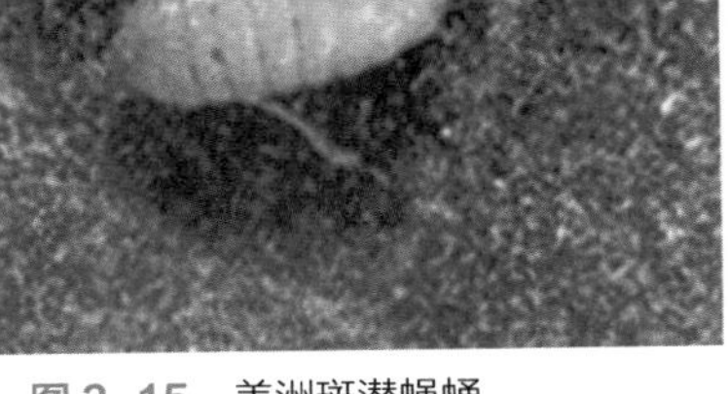

图 3–15　美洲斑潜蝇蛹

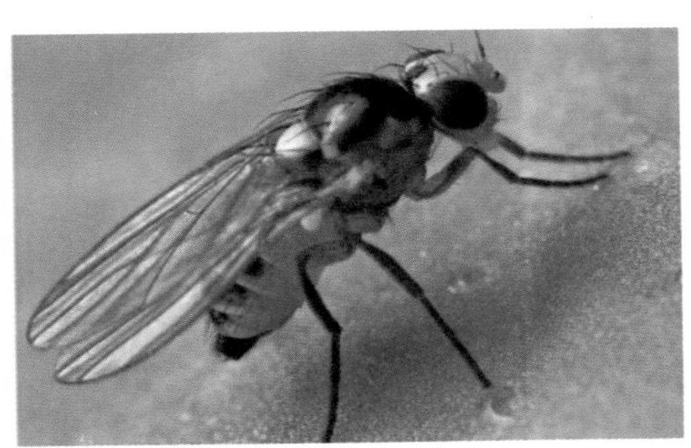

图 3–16　美洲斑潜蝇成虫

发生规律　美洲斑潜蝇世代历期短，各虫态发育不整齐，世代重叠严重。在海南 1 年发生 21~24 代，广东 1 年发生 14~17 代，且在海南、广东可周年发生，无越冬现象。15~26℃完成 1 代需 11~20 天，25~33 ℃完成 1 代需 12~14 天。其繁殖速率随温度和作物的不同而异。

● 防治方法

1）加强植物检疫。应严格进行检疫，以防止美洲斑潜蝇扩散蔓延。发现北运蔬菜、切花等有幼虫、卵或蛹时，要就地处理，防止由南往北扩散，严禁从疫区调运。

2）农业防治。收获后彻底清除残株落叶，并集中深埋或烧毁，以消灭虫源；在美洲斑潜蝇危害严重的地区，把斑潜蝇嗜好的瓜果类、茄果类、豆类与其不危害的作物进行轮作，避免瓜、豆、叶菜类蔬菜高度“插花”种植；种植密度应合理，增强田间通透性，及时疏间病虫弱苗、过密植株或叶片，以促进植株生长，增强抗虫性。

3）物理防治。利用斑潜蝇的趋黄性制作黄板进行诱杀，或将粘蝇纸贴在涂有黄色油漆的夹板上，也可将涂有粘蝇胶的透明塑料袋套在黄板上，每隔 2~3 米放 1 块，可诱捕成虫，减少产卵，降低虫口密度。

4）生物防治。美洲斑潜蝇的主要天敌有潜蝇姬小蜂、潜蝇茧蜂和反颚茧蜂等寄生蜂，均可寄生其幼虫。在条件适宜和不用药或停用杀虫剂的情况下，幼虫天敌寄生率可达 80%~100%，从而达到防治目的。

5）化学防治。选择成虫高峰期、卵孵化盛期或初龄幼虫高峰期用药。对于成虫，一般在上午露水干后选用 10% 灭蝇胺悬浮剂 100~150 毫升 / 亩、1.8% 阿维菌素乳油 3000~4000 倍液或 60% 阿维·杀虫单可溶性粉剂 1000 倍液等药剂进行喷雾防治，每隔 10~15 天喷 1 次，连喷 2~3 次，效果显著。

温室白粉虱

分布与危害 白粉虱又名小白蛾子，属半翅目、粉虱科，是一种世界性害虫，在全国各西瓜产区均有发生。白粉虱食性杂，可危害蔬菜、花卉、果树、药材、牧草、烟草等植物。成虫和若虫吸食植物汁液，造成被害叶片褪绿、变黄、萎蔫，甚至全株枯死。此外，由于其繁殖力强，繁殖速度快，种群数量庞大，群聚危害并分泌大量蜜液，严重污染叶片和果实，往往引起煤污病大面积发生，使蔬果失去商品价值。

症状 白粉虱以成虫和若虫聚集在叶片背面吸取植物汁液，被害叶片褪绿、变黄、萎蔫，甚至枯死（图 3–17）。此外它还能分泌大量的蜜露，污染叶片和果实，导致霉菌寄生，引起煤污病的大面积发生，既影响西瓜的产量又使其失去商品价值（图 3–18）。

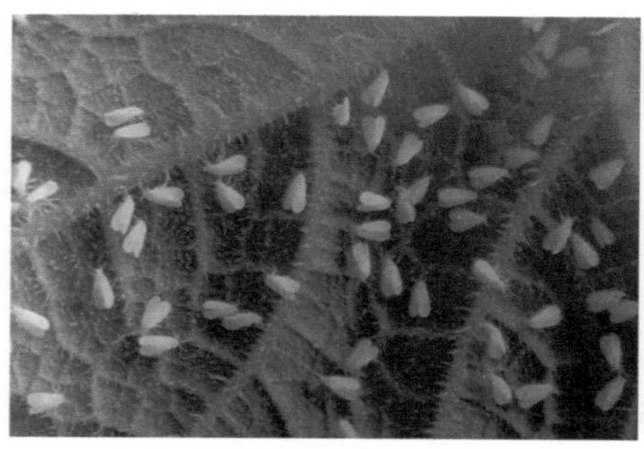

图 3–17 温室白粉虱群聚危害

图 3–18 叶片受害引发煤污病

形态特征 1）卵（图 3–19）。长约 0.2 毫米，长椭圆形，基部有卵柄，柄长 0.02 毫米，初产为浅绿色，覆有蜡粉，而后渐变为褐色，最后变为紫黑色，孵化前呈黑色。

2）若虫。共4龄。1龄若虫体长0.29~0.8毫米，长椭圆形；2龄约0.37毫米，3龄约0.51毫米，浅绿色或黄绿色，足和触角退化，紧贴在叶片上营固着生活；4龄若虫（图3–20）又称伪蛹，体长0.7~0.8毫米，椭圆形，初期身体扁平，逐渐加厚，中央略高，黄褐色，体背有长短不齐的蜡丝，体侧有刺。

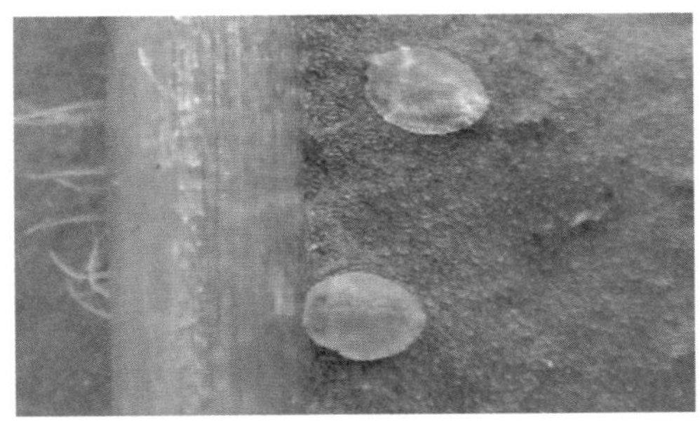
图3–19　温室白粉虱卵

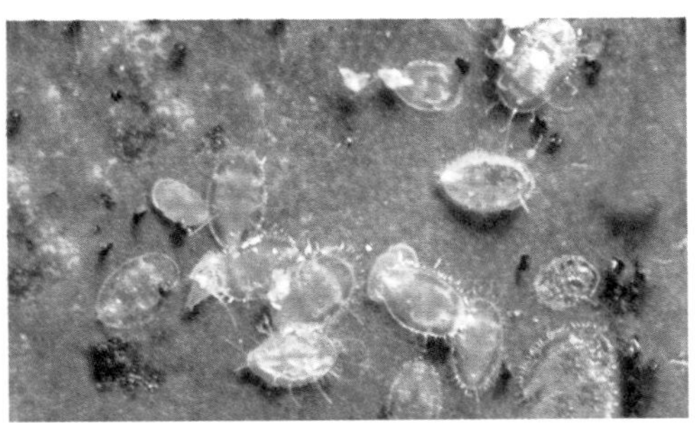
图3–20　温室白粉虱若虫

3）蛹。早期的蛹，身体显著比3龄加长加宽，但尚未显著加厚，背面蜡丝发达四射，体色为半透明的浅绿色，附肢残存，尾须更加缩短。到了中期，身体显著加长加厚，体色逐渐变为浅黄色，背面有蜡丝，侧面有刺。末期的蛹，比中期更长更厚，呈匣状，复眼显著变红，体色变为黄色，成虫在蛹壳内逐渐发育起来。

4）成虫（图3–21）。雌成虫个体比雄成虫大，经常雌雄成对在一起，大小对比显著；腹部末端有3对产卵瓣（背瓣、腹瓣、内瓣），初羽化时向上折，以后展开；腹侧下方有2个弯曲的黄褐色曲纹，是蜡板边缘的一部分，2对蜡板位于第2、3腹节两侧。雄虫和雌虫在一起时常常颤动翅膀，腹部末端有1对钳状的阳茎侧突，中央有弯曲的阳茎；腹部侧下方有4个弯曲的黄褐色曲纹，是蜡板边缘的一部分，4对蜡板位于第2、3、4、5腹节上。

图3–21　温室白粉虱成虫

发生规律　在北方，温室白粉虱1年可发生10余代，冬季在室外不能存活，而是以各虫态在温室越冬并继续危害，可周年发生，此虫世代重叠严重。温室白粉虱繁殖的适温为18~21℃，在温室条件下，约1个月完成1代。冬季温室作物上的白粉虱，是露地春季作物上的虫源，通过温室开窗通风或幼苗向露地移植而使粉虱迁入露地。因此，白粉虱可通过人为因素蔓延。

1）卵。多散产于叶片上，以卵柄从气孔插入叶片组织中，与寄主植物保持水分平衡，极不易脱落。

2）若虫。共 3 龄。若虫孵化后 3 天内在叶背可进行短距离游走，当口器插入叶片组织后就失去了爬行的机能，开始营固着生活。各虫态的发育受温度因素的影响较大，抗寒能力弱。早春由温室向外扩散，在田间点片发生。

3）成虫。成虫有趋嫩性、群集性，对黄色有趋性，主要危害瓜类、豆类和茄果类蔬菜。在寄主植物打顶以前，成虫总是随着植株的生长而不断追逐顶部嫩叶产卵。白粉虱的种群数量，由春至秋持续发展，夏季的高温多雨对其抑制作用不明显，到秋季数量达到高峰。

● 防治方法

1）加强植物检疫。在引进种苗时注意检查叶背有无粉虱类虫体，切断远距离传播途径。

2）培育“无虫苗”。育苗时把苗床和生产温室分开；育苗前对苗房进行熏蒸消毒，以消灭残余虫体；清除杂草、残株，在通风口增设尼龙纱或防虫网等，以防外来虫源侵入。

3）生物防治。保护和利用粉虱类天敌，如瓢虫、草蛉、斯氏节蚜小蜂和黄色蚜小蜂等寄生蜂。 每隔 2 周释放 1 次丽蚜小蜂（每株 15 头），连续 3 次，可控制白粉虱的危害。

4）物理防治。利用白粉虱对黄色有强烈趋性的特点，于发生初期，在温室内设置边长为 30~40 厘米的方板，其上涂抹 10 号机油插于行间高于植株，对成虫起到诱杀作用，可降低虫口密度。

5）药剂拌种。播种前，用 70% 噻虫嗪种衣剂或 20% 呋虫胺悬浮剂或 60% 吡虫啉悬浮种衣剂拌种，均可有效防治苗期白粉虱的危害，一般持效期可达 80 天以上。

6）药液浇灌。如果没有拌种，当幼苗长至 2 叶 1 心时，用 60% 吡虫啉悬浮种衣剂 3000 倍液随灌水浇灌苗床，也可有效防治白粉虱的危害，持效期可达 60 天以上。

7）土壤处理。播种前，用 5% 吡虫啉颗粒剂或 2% 噻虫嗪颗粒剂穴施或条施，进行土壤处理；或者直播时药种同播，也可有效防治白粉虱的危害，持效期可达 90 天左右。

8）坐水移栽。移栽时，用 20% 呋虫胺悬浮剂 2000 倍液或 60% 吡虫啉悬浮种衣剂 3000 倍液或 70% 噻虫嗪种衣剂 3000 倍液等药剂浇灌，进行药水定植，既可以补充定植水，又可以有效防治白粉虱的危害，持效期可达 90 天以上。

9）片剂穴施。定植时，用 5% 吡虫啉片剂穴施，每株 1~2 片，然后封土，也可有效防治白粉虱的危害，持效期可达 80~90 天。

10）喷雾防治。在白粉虱发生初期，可选用 20% 呋虫胺可溶粉剂 1000 倍液、22.4% 螺虫乙酯悬浮剂 1500 倍液或 10% 氟啶虫胺腈水分散粒剂 2000 倍液等药剂进行喷雾防治。发生严重时，可选用 40% 吡蚜·呋虫胺水分散粒剂 1000 倍液、28% 阿维·螺虫酯悬浮剂 5500 倍液或 75% 吡蚜·螺虫酯水分散粒剂 2000 倍液等药剂进行喷雾防治，视虫情每隔 10 天喷 1 次，连喷 2~3 次，几种药剂交替使用，防治效果更显著。

烟粉虱

分布与危害 烟粉虱俗称棉粉虱、甘薯粉虱等，属同翅目、粉虱科，是我国近年来新发生的一种虫害，也是一种世界性害虫。其寄主植物主要有烟草、棉花、甘薯、番茄、西葫芦、西瓜等众多作物。烟粉虱寄生范围广，繁殖力强，具有暴发性、毁灭性，常造成植株萎蔫、枯死，同时还能诱发煤污病。

症状 烟粉虱对西瓜的危害症状主要表现在 3 个方面：一是通过刺吸式口器刺吸植株汁液而使被害植株叶片褪绿、变黄、萎蔫，甚至全株枯死（图 3–22）；二是传播病毒病，烟粉虱能传播多达 30 种病毒病，导致病毒扩展蔓延；三是烟粉虱成虫、若虫分泌的蜜露能诱发煤污病等真菌病害，抑制叶片光合作用（图 3–23），降低西瓜产量和品质，虫口密度高的田块最终因病毁苗，甚至绝收。

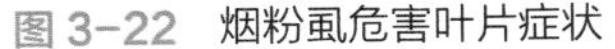

图 3–22 烟粉虱危害叶片症状

图 3–23 烟粉虱危害果实症状

形态特征 烟粉虱个体发育经卵、若虫、拟蛹、成虫 4 个阶段。

1）卵。椭圆形，散产在叶背，分布不规则，有小柄，与叶面垂直，卵柄通过产卵器插入叶内。卵初产时为浅黄绿色，孵化前颜色加深，呈琥珀色至深褐色，但不变黑。

2）幼虫。椭圆形。1龄幼虫体长约0.27毫米、宽0.14毫米，有触角和足，能爬行，有体毛16对，腹末端有1对明显的刚毛，腹部平，背部微隆起，浅绿色至黄色，可透见2个黄色点。一旦成功取食合适寄主的汁液，就固定下来取食直到成虫羽化。2龄和3龄幼虫体长分别为0.36毫米、0.50毫米，足和触角退化至仅1节，体缘分泌蜡质。

3）拟蛹。浅绿色或黄色，长0.6~0.9毫米；蛹壳边缘扁薄或自然下陷，无周缘蜡丝；胸气门和尾气门外常有蜡缘饰，在胸气门处呈左右对称状；蛹背蜡丝的有无常因寄主不同而异。进行制片镜检可见其特征，瓶形孔为长三角形，舌状突为长匙状，顶部为三角形且有2对刚毛，管状肛门孔后端有5~7个瘤状突起。

4）成虫。雌虫体长（0.91 ± 0.04）毫米，翅展（2.13 ± 0.06）毫米；雄虫体长（0.85 ± 0.05）毫米，翅展（1.81 ± 0.06）毫米。虫体为浅黄白色至白色；复眼为红色、肾形，单眼2个；触角发达，有7节；翅为白色，无斑点，被有蜡粉，前翅有2条翅脉，第一条脉不分叉，停息时左右翅合拢呈屋脊状；足3对，跗节2节，爪2个（图3–24）。

图 3–24 烟粉虱成虫

发生规律 适宜温度下繁殖1代需20天左右，南方地区1年发生11~15代，北方地区1年发生4~6代，世代重叠现象严重。烟粉虱在北方不能露地越冬，需要以各种虫态在双层大棚或温室内的茄果类蔬菜上越冬。立春后气温回升，烟粉虱在双层大棚内繁殖加快，5~6月揭棚膜后向外界扩散。

生活习性 1）卵。长椭圆形，大量集中在幼嫩叶上，多产于叶背，卵期6~7天，刚产下的卵呈浅白色，随发育而逐渐变成黑褐色。

2）若虫。分为4龄，初孵若虫可在卵壳周围活动，最后选择合适位置定居，一般以叶脉附近较多，以后不再转叶危害。若虫蜕皮时，基本也在原位置，进入4龄时会分泌大量蜡质，体壁增厚、变硬，外表光滑，若虫在内部慢慢变成拟蛹。

3）拟蛹。外观为黄色，呈蛋糕状。刚羽化的成虫一般在拟蛹壳旁不动。

4）成虫。成虫寿命为18~30天，具有趋光性和趋嫩性，喜欢在幼嫩叶上取食、产卵，1 头雌成虫通常产卵 200~300 粒。成虫在 25~30℃时表现活跃，短距离飞行能力较强，稍有惊动，就四处飞散；温度降到 15℃以下时，反应迟钝，温度降到 10℃以下时逐渐死亡。

防治方法

1）农业防治。培育无虫苗，控制烟粉虱的初始种群数量；育苗前清除残株和杂草；给育苗床覆盖 40~60 目防虫网，以防止成虫迁入；生产上做到轮作并清除杂草；采收完毕应及时清园。

2）物理防治。棚室种植西瓜时，通风口可以覆盖 40~60 目防虫网；烟粉虱发生初期，在棚室内每亩悬挂 40 厘米 ×25 厘米的黄色诱虫粘板 20 片；种植过程中做好环境调控，可有效降低虫口基数。

3）化学防治。播种前，可用 35% 噻虫嗪种子处理剂按药种比 1∶200 倍进行拌种；在烟粉虱发生初期，可选用 25% 噻虫嗪水分散粒剂 2000 倍液、20% 呋虫胺可溶粉剂 2000 倍液或 22.4% 螺虫乙酯悬浮剂 1500 倍液等药剂进行喷雾防治；棚室内也可选用 20% 异丙威烟剂等进行熏杀，用量为 250~300 克 / 亩，在傍晚收工后紧闭棚室，将烟剂分成 4~5 份点燃，第二天早晨通风换气。

黄足黄守瓜

分布与危害 黄足黄守瓜，俗称黄虫、黄萤，属鞘翅目、叶甲科、守瓜属，是瓜类蔬菜的重要害虫之一，分布于河南、陕西，以及华东、华南、西南等地，在长江流域以南地区危害最严重。黄足黄守瓜食性广泛，可危害各种瓜果类，受害最严重的是西瓜、南瓜、甜瓜、黄瓜等。

症状 黄足黄守瓜成虫、幼虫都能产生危害。成虫喜食瓜叶和花瓣，还可危害西瓜幼苗皮层，咬断嫩茎，食害幼果；叶片被食后形成圆形缺刻，影响光合作用（图 3–25）；瓜苗被害后，常带来毁灭性灾害。幼虫在地下专食西瓜植株根部，严重时使植株萎蔫而死；也蛀入西瓜果实的贴地部分，引起腐烂，丧失食用价值。

形态特征 1）卵。卵圆形，长约 1 毫米，黄色，表面有多角形网纹，近孵化时为灰白色。

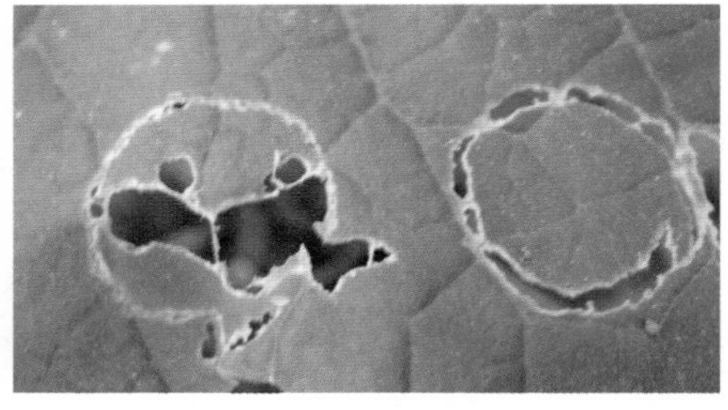

图 3-25 黄足黄守瓜危害叶片症状

2）幼虫。共3龄，初孵为白色，以后逐渐变为褐色。体长约12毫米，头呈黄褐色，前胸背板为黄色，腹部为黄白色，尾端臀板腹面有肉质突起，上生微毛。

3）蛹。长9毫米，黄白色，头顶、腹部、尾端有粗短的刺。

4）成虫。体长约9毫米，全体为橙黄或橙红色，有时略带棕色。上唇为栗黑色，复眼、后胸、腹部和腹面均呈黑色。触角呈丝状，约为体长的1/2，触角间隆起似脊。前胸背板宽约为长的2倍，中央有1个弯曲的深横沟。鞘翅中部之后略膨阔，刻点细密，雌成虫尾节臀板向后延伸，呈三角形突出，露在鞘翅外，尾节腹片末端呈角状凹缺；雄成虫触角基节膨大如锥形，腹端较钝，尾节腹片中叶为长方形，背面为1个大的深洼（图3-26）。

图 3-26 黄足黄守瓜成虫

发生规律 黄足黄守瓜每年发生代数因地而异。我国北方地区1年发生1代；南京、武汉地区以1代为主，部分为2代；广东、广西地区为2~4代；台湾地区为3~4代。各地均以成虫越冬，常十几头或数十头群居在避风向阳的田埂土缝、杂草落叶或树皮缝隙内越冬，第二年春季土温达6℃时开始活动，10℃时全部出蛰，瓜苗出土前，先在其他寄主上取食，待瓜苗长出3~4片真叶后就转移到瓜苗上危害。

防治方法

1）春季将西瓜秧苗与甘蓝、小麦等冬作物进行间作，能减轻危害。

2）合理安排播种期，以避过越冬成虫危害高峰期。

3）在成虫产卵前，露水未干时，在瓜苗基部撒石灰、麦糠、草木灰，可防止成虫产卵。铺后7~10天将草物小心收集起来，集中烧毁，可杀死虫卵，减少虫口基数，从而减轻黄足黄守瓜的危害程度。

4）土壤处理。播种前，用 2% 噻虫嗪颗粒剂或 1% 呋虫胺颗粒剂撒施或穴施，每亩 2~4 千克，可有效防治整个苗期黄足黄守瓜的危害，持效期达 30~50 天。该方法省工省时，经济实惠，效果好。

5）浸根或灌根。瓜苗定植时，用 70% 噻虫嗪种子处理剂 2000 倍液浸根或浇灌，也可有效防治黄足黄守瓜，持效期可达 50 天左右。

6）穴施。定植时，用 1% 呋虫胺颗粒剂穴施，每亩 1~2 千克；或 5% 吡虫啉片剂穴施，每株 1~2 片，即可防治黄足黄守瓜的危害，持效期也可达 50~90 天。

黄足黑守瓜

分布与危害 黄足黑守瓜，又称柳氏黑守瓜、黑瓜叶虫、黄胫黑守瓜等，属叶甲科、守瓜属的一种昆虫，分布在我国黄河以南地区，以危害瓜果类蔬菜为主。

症状 黄足黑守瓜成虫主要咬食西瓜的叶、花和幼果（图 3–27）。成虫取食花瓣后，在花瓣上形成半环形食痕或圆形孔洞；取食叶片后，使叶片残留若干干枯环形或半环形食痕或圆形孔洞（图 3–28），严重时可致全株死亡。幼虫在土里危害根部，3 龄前主要危害细根，3 龄以后危害主根，钻食木质部与韧皮部之间，可使地上部分萎蔫致死，农民称其为“气死瓜”。有些贴地生长的瓜果也可被幼虫蛀食，引起瓜果内部腐烂，失去食用价值。

图 3–27　黄足黑守瓜正在危害花瓣

图 3–28　黄足黑守瓜危害叶片症状

形态特征 1）卵。黄色，球形，表面有网状皱纹。

2）幼虫。黄褐色，各节有明显的瘤突，上生刚毛，腹部末端左右有指状突起，上附刺毛 3~4 根。

3）成虫。体长 5.5~7 毫米、宽 3~4 毫米，全身仅鞘翅、复眼和上颚顶端为黑色，其余部分均呈橙黄或橙红色（图 3–29）。

图 3–29 黄足黑守瓜成虫

发生规律 黄足黑守瓜在我国北方地区 1 年发生 1 代，在长江流域地区 1 年发生 1~2 代，华南地区 1 年发生 2~3 代。以成虫在避风向阳的杂草、落叶及土壤缝隙间潜伏越冬，第二年春季当土温达 10℃时，开始出来活动，在杂草及其他作物上取食，再迁移到瓜地危害瓜苗。1 年发生 1 代的区域越冬成虫于 5~8 月产卵，6~8 月是幼虫危害高峰期，8 月成虫羽化后危害秋季西瓜，10~11 月逐渐进入越冬场所。成虫喜在湿润表土中产卵，卵散产或堆产，每头雌成虫可产卵 4~7 次，每次约 30 粒。卵期 10~25 天，幼虫孵化后随即潜入土中危害植株细根，3 龄以后危害主根。幼虫期 19~38 天，蛹期 12~22 天，老熟幼虫在根际附近筑室化蛹。成虫行动活泼，遇惊即飞，有假死性，但不易捕捉。黄足黑守瓜喜温好湿，成虫耐热性强、抗寒力差，南方地区发生较重。

防治方法

1）冬前彻底清除田园，填平土缝，以消灭越冬虫源。利用温床早育苗、早移栽，待成虫活动危害时，已过瓜苗受害严重的敏感期，受害程度相对减轻。与葱蒜、甘蓝、芹菜、莴苣等作物间作或轮作，可大大减轻危害。覆盖地膜或在瓜苗的四周撒草木灰、糠秕、锯末等可防止成虫产卵。清晨成虫不活动时，人工捕杀。用麦秆等把瓜果垫起，可防止土中幼虫蛀入瓜果。

2）在西瓜幼苗出土后用纱网覆盖的同时，在植株周围撒播苋菜、落葵、蕹菜等早春蔬菜。在揭去纱网、引蔓上架的同时，先拔去瓜苗附近的部分早春蔬菜，然后在其周围的土面上撒一层约 1 厘米厚的草木灰或稻谷壳或锯末，可防止成虫产卵和幼虫危害瓜苗根部。将纱窗布剪成长 50~60 厘米、宽 30~40 厘米，用线缝成高 30~40 厘米、直径 15~18 厘米的圆筒，一端用针线缝合，在幼苗出土后 1~2 天内，将幼苗罩住，可避开严重危害期。

3）在幼虫发生初期，可用 10% 噻虫胺悬浮剂 1500 倍液或 50% 辛硫磷乳油 2500 倍液灌根。

4）于成虫发生期，选用 10% 氯氰菊酯乳油 1500~3000 倍液、5% 顺式氯氰菊酯乳油 1500~2000 倍液、20% 氰戊菊酯乳油 2000 倍液或 10% 氯氰菊酯乳油 2000 倍液进行喷雾防治。

瓜褐蝽

分布与危害 瓜褐蝽俗称九香虫、黑兜虫、臭屁虫等，为半翅目、蝽科害虫，主要分布在河南、江苏、广东、广西、浙江、福建、四川、贵州、台湾等地，是我国中南部西瓜产区的主要害虫之一。

症状 瓜褐蝽成虫、若虫均可危害。成虫、若虫常几头或几十头聚集在瓜藤基部、卷须、腋芽和叶柄上危害，初龄若虫喜欢在蔓裂处取食，造成瓜藤枯黄、凋萎，对植株生长发育影响很大。

形态特征 1）卵。长 1.24~1.27 毫米、宽 0.95~1.18 毫米，似腰鼓形，初产时为天蓝色，后变为暗绿色，近孵化时为土黄色。卵表面密被白绒毛。

2）若虫。1 龄若虫体长 3 毫米，椭圆形，头及胸部背板为黑色，腹部背面为褐红色；触角 4 节为黑色；胸背板侧缘有黄褐色边及 1 个小锐刺，后胸背板宽于中胸；腹部背面各节中部有横形黑斑。2 龄若虫体长 4.3 毫米，触角基部 3 节为黑色，端部第 4 节为橙红色；前、中、后胸背板侧缘都有黄褐色边，前胸背板侧缘近中部内凹，腹部背面第 1~2 节横形黑斑中断。3 龄若虫体长 5.5~6.5 毫米，后胸背板狭于中胸背板。4 龄若虫体长 8.5~10 毫米，头及前胸背板为暗黄褐色至黑褐色，腹部为土黄色，翅芽伸过腹部背面第 2 节前缘，前胸背板侧缘及翅芽的前、外缘有暗橘红色的窄边。5 龄若虫体长 11~14.5 毫米，翅芽伸过腹部背面第 3 节前半部，小盾片显现，其余特征同前几龄，腹部第 4、5、6 节各有 1 对臭腺孔。

3）成虫（图 3–30）。体长 16.5~19 毫米、宽 9~10.5 毫米，长卵形，紫黑或黑褐色，稍有铜色光泽，密布刻点，头部边缘略上翘，侧叶长于中叶，并在中叶前方汇合，触角 5 节，基部 4 节为黑色，第 5 节为橘黄色至黄色，第 2 节比第 3 节长。前胸背板及小盾片上有近于平行的不规则横皱。侧接缘及腹部腹面侧缘区各节黄黑相间，但黄色部常狭于黑色部分。足为紫黑或黑褐色。雄成虫后足胫节内侧无卵形凹，腹面无“十”字沟缝，末端较钝圆。

图 3–30 瓜褐蝽成虫

发生规律 瓜褐蝽 1 年发生 1~3 代，以成虫在土块、石块、杂草或枯枝落叶下越冬。4 月下旬 ~5 月中旬开始活动，迁飞到瓜苗上危害，尤以 5~6 月间危害最盛。6 月中旬 ~8 月上旬产卵串于瓜叶背面，6 月底 ~8

月中旬孵化，8 月中旬 ~10 月上旬羽化，10 月下旬越冬。发生 3 代的地区，3 月底越冬成虫开始活动。初龄若虫喜欢在蔓裂处取食。成虫、若虫白天活动，遇惊坠地，有假死性。

防治方法

1）诱杀成虫。利用瓜褐蝽喜闻尿味的习性，于傍晚把用尿浸泡过的稻草插在瓜地里，每亩插 6~7 束，成虫闻到尿味就会集中在草把上，第二天早晨将草把集中深埋或烧毁。

2）药剂防治。在瓜褐蝽越冬成虫出蛰前及低龄若虫期进行喷药防治。在西瓜定植时，用 2% 噻虫嗪颗粒剂穴施或条施，每亩 1~2 千克，可有效防治瓜褐蝽对瓜苗的危害，持效期可达 80 天以上。在瓜褐蝽成虫发生初期，可选用 50% 氟啶虫胺腈水分散粒剂 3000 倍液、22% 氟啶虫胺腈悬浮剂 1000~2000 倍液或 4% 阿维 · 啶虫脒乳油 2000 倍液进行喷雾防治。

细角瓜蝽

分布与危害 细角瓜蝽为半翅目、蝽科，主要分布在江西、河南、广东等地，是西瓜、南瓜、苦瓜等瓜果类的主要害虫之一。

症状 细角瓜蝽若虫和成虫均以锐利的口针刺穿寄主的皮层而吸取植株汁液。取食时，口针鞘折叠弯曲，口针直接刺入组织内，使受害部位停止生长，受害组织死亡，早、中期受害果实呈“猴头果”，晚期受害的果实内呈海绵组织，受害严重的果实失去经济价值。

形态特征 1）卵。长 1 毫米，初产为乳白色，后变为粉红色。

2）若虫。体长 12 毫米，灰褐色，翅芽中间有灰绿色斑，斑上生有红色小点，腹部两侧有 7 个向外突的灰白色梨形斑。

3）成虫。体长 12~14.6 毫米、宽 6.0~7.7 毫米，长椭圆形，黑褐色，常有铜色光泽，头部边缘略卷曲；触角 4 节，圆柱形，基部 3 节为黑色，第 4 节多为黄色，复眼前方有刺；前胸背板表面凹凸不平，前角有长刺，向前伸且内弯似牛角状；小盾片表面粗糙，有微纵脊，基角处凹陷，黑色具有闪光，基部中间有 1 个小黄点；足腿节腹面有刺，胫节外侧有浅沟，腹侧缘有相同的大锯齿（图 3-31）。

图 3-31 细角瓜蝽成虫

发生规律 江西、河南地区 1 年发生 1 代，广东地区 1 年发生 3 代，以成虫在枯枝丛中、草屋的杉皮下、石块、土缝等处越冬。第二年 5 月，越冬成虫开始活动，6 月初 ~7 月下旬产卵，6 月中旬 ~8 月上旬孵化，7 月中旬末 ~9 月下旬羽化，进入 10 月中下旬陆续蛰伏越冬。成虫、若虫性喜荫蔽，白天光强时常躲在枯黄的卷叶里、近地面的瓜蔓下及蔓的分枝处，多在寄主兜部至 3 米高处的瓜蔓、卷须基部、腋芽处危害，低龄若虫有群集性，喜栖息在茎蔓内，成虫把卵产在蔓基下、卷须上，个别产在叶背，多成单行排列，个别成 2 行，每头雌成虫产卵 24~32 粒，一般 26 粒。卵期 8 天，若虫期为 50~55 天，成虫寿命为 10~20 天。

防治方法

1）农业防治。早晚或阴雨天气成虫多栖息于叶片下，可在早晨或傍晚露水未干趁其不活动时进行捕杀。卵块极易发现，可在 5~8 月成虫产卵期间，深入田间检查，及时摘除卵块。

2）生物防治。细角瓜蝽的天敌有黄猄蚁、寄生蜂、螳螂、蜘蛛等多种，应加以保护，利用天敌以虫治虫。

3）药剂防治。如果虫口太多，不可能全靠人工防治来解决时，可在 1~2 龄若虫期进行防治，选用 5% 啶虫脒 1000 倍液、4.5% 高效氯氰氰菊酯 2000 倍液或 10% 氟啶虫胺腈可湿性粉剂 4000 倍液等药剂进行喷雾，防治效果突出。

瓜实蝇

分布与危害 瓜实蝇，又名黄瓜实蝇、瓜小实蝇、瓜大实蝇、瓜蛆及“针蜂”等，为双翅目、寡毛实蝇属害虫，主要危害苦瓜、节瓜、黄瓜、西瓜、南瓜等作物，分布于江苏、福建、海南、广东、广西、贵州、云南、四川、湖南、台湾等地，是我国一种重要的检疫性害虫。

症状 成虫产卵于瓜皮下，以产卵管刺入幼果表皮内产卵。幼虫孵化后，即钻进瓜内取食，使受害瓜局部变黄，而后全瓜腐烂变臭，出现大量落瓜（图 3-32）。

受害轻的瓜畸形下陷，果皮变硬。也有少数不落瓜、不腐烂，但刺伤处凝结着流胶，导致瓜味苦涩，品质下降，失去食用和商品价值。把受害瓜剖开可看见瓜内有数条蛆虫（即瓜实蝇幼虫）。该虫发生隐蔽，危害十分严重，导致减产甚至绝收。

图 3-32 瓜实蝇危害幼果症状

形态特征 1）卵。乳白色，细长，一端稍尖，长 0.8~1.3 毫米，浅黄色，气孔为褐色。

2）幼虫。幼虫呈蛆状，初期为乳白色，长 1.1 毫米；老熟幼虫为米黄色，长 10~12 毫米，前小后大，尾端最大，呈截形。口钩为黑褐色（图 3-33）。

3）蛹。长约 7.5 毫米，圆筒形，米黄色，蛹壳的腹面、背面上的节间缝错开不连接，后缝前后杂生细碎褐斑；腹末有 1 条纵裂缝。

4）成虫。体形似蜂，黄褐色至红褐色，体长 7~9 毫米、宽 3~4 毫米，翅长 7 毫米，雌成虫比雄成虫略小，初羽化成虫体色较浅，大小不及产卵成虫的一半。复眼为茶褐色或蓝绿色，有光泽，复眼间有前后排列的 2 个褐色斑，触角为黑色，后顶鬃和背侧鬃明显。前胸背面两侧各有 1 个黄色斑点（图 3-34）。

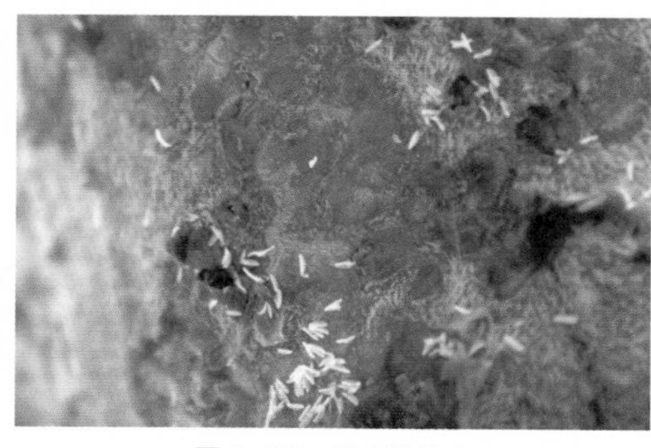

图 3-33 瓜实蝇幼虫

图 3-34 瓜实蝇成虫

发生规律 一般每年发生 3~4 代，在南方西瓜产区 1 年可发生 8 代左右，有世代重叠现象。成虫在杂草中过冬，第二年 4 月开始活动，夜间一般不活动。对黄色光有趋性，不趋紫色光和白色光。有类似于家蝇喜用两前足梳弄的特性。初羽化的成虫体色较浅，大小不及产卵成虫的一半，不活跃，多以花蜜、瓜瓤、果汁等为食。产卵前一般需要12~25天补充营养。田间成熟的西瓜裂口处，常见成虫聚集在红色瓜瓤上。成虫喜阴凉环境，生长茂密荫蔽的瓜棚受害更为严重，夏季中午烈日高温时，便静伏于瓜棚或叶背。成虫1次产卵几粒至几十粒，卵粒排列不规则或并列，1头雌成虫1天内可多次并且在多处产卵，也可数日连续产卵或间隔几天产卵，使产卵处流出汁液。初孵幼虫先从产卵孔向瓜心中央水平钻蛀危害，然后向下端危害，最后向上端扩展。幼虫昼夜不停地钻蛀危害瓜瓤及籽粒，导致瓜瓤呈暗褐色破絮状或粘连成颗粒状，有臭味。幼虫期为12~15天，老熟幼虫头尾相弹跃出瓜体，平均1次可弹出8~14厘米远，一般为10厘米，可连续弹跳超过2米远，落地后即可钻入土中2~3厘米处化蛹，少数也可在受害瓜瓜蒂内化蛹，蛹期为4~7天。

防治方法

1）清理病残体。及时摘除被害瓜，并集中装在虫果袋或塑料袋内，扎紧袋口，或将被害瓜集中喷药和深埋。

2）消灭越冬虫源。冬季翻耕土壤，清除瓜田周围田埂、水沟上的杂草，及时打掉多余的侧枝及基部的黄叶、老叶，改善通风、透光，防止幼虫入土化蛹。

3）生物防治。瓜实蝇诱剂是一种仿生产品，模拟瓜实蝇成虫释放的化学活性物质，诱杀雌成虫，从而降低虫口密度，保护寄主免受危害。

4）黄板诱杀。每亩设置约30张黄板，将其固定于竹筒上，然后挂在离地面1.2米高的瓜架上，防效显著。

5）药剂防治。瓜实蝇成虫盛发时，抓住成虫产卵前的有利时机，进行喷药防治，以降低虫口密度。喷药时间以晴天8:00~10:00或17:00~19:00为宜，可选用1.8%阿维菌素乳油2000~3000倍液、2.5%敌杀死2000~3000倍液、50%敌敌畏乳油1000倍液或5%阿维·多霉素悬浮剂1000~1500倍液等。因成虫出现期长，需隔3~5天喷1次，连喷2~3次，才能取得良好的防治效果。

南瓜斜斑天牛

分布与危害 南瓜斜斑天牛属鞘翅目、天牛科，俗称四斑南瓜天牛、瓜藤天牛、钻茎虫，是瓜果类藤蔓的主要害虫，分布于贵州、云南、四川、广西、广东、湖南、浙江、福建、江苏、台湾等地。受害严重时，有虫株率高达20%~75%，减产20%~30%。

症状 以幼虫蛀食瓜藤，破坏输导组织，导致被害植株生长衰弱，严重时茎断瓜蔫，影响产量和品质。在田间发生时，被蛀害的植株抗力减弱，匍匐于地面的藤蔓易受白绢病病原菌侵染，加速其死亡。

形态特征 1）卵。长椭圆形，长0.1~0.2毫米，初产时为乳白色，近孵化时为浅黑色。

2）幼虫。乳黄色，体长10~11毫米、宽2.8~3.2毫米。初孵时为乳白色，稍扁，渐长成近圆筒形。上颚为黑色，头为褐色。前胸背板端部中线两侧区各有1个浅褐色大斑。各体节两侧疏生褐色刚毛，臂板及肛门四周的刚毛为褐色、簇生，足退化。各体节背、腹两面隆突成移动器，其上有较粗短的乳突。

3）蛹。长9.2~10.5毫米、宽2.7~3.1毫米，初期为乳白色，后期变为乳黄色至乳褐色。背观前胸背板呈风帽状，生有较长的刚毛。触角靠翅基两侧后延至第3腹节向腹部曲卷。各腹节中部簇生一横列刚毛。臀板上布粗壮的深褐色三角形小刺，侧缘及后缘丛生长刚毛。腹面观前、中足向胸部抱曲，并盖住翅的一半，后足从翅的下半部下伸出，露出腿节后部、胫节端部和跗节全部。末节腹板端沿有1条凸弧形深褐色带状纹。

4）成虫（图3-35）。体长9~10毫米、宽约3毫米，黑褐色，体被黄褐色细毛。触角和足带红褐色。前胸背板有4个小白斑，排列成“十”字形，后方的呈短柱形。小盾片被黄褐色细毛。鞘翅上有多个白色大毛斑，排列成4斜行，白斑数分别为2、4、3、2，在第3斜行两侧有2个小斑点，翅端各有1个浅黄褐色毛斑，1~4腹节两侧各生1个白斑。额近方形，头顶宽陷；复眼上、下叶几乎断裂，触角基瘤分开，触角长达鞘翅的1/2，第3、4节的长度等于以后各节之和。前胸背板几乎长宽相等，密布刻点。鞘翅窄，肩部较前胸稍宽，长为头胸部的2倍，两侧近平行，末端斜切，鞘翅上刻点排列成10行，较整齐。后足腿节长达第3腹节中部。

图3-35 南瓜斜斑天牛成虫

发生规律 以老熟成虫或幼虫越冬。越冬幼虫在枯藤内于第二年4月陆续化蛹和羽化，蛹期为10~14天。5月中旬开始产卵，产卵期长达2个多月。以贵州荔波县为例，7月下旬第一代成虫羽化，田间8月中旬可同时见到4种虫态，

8月下旬~9月中旬，初孵幼虫开始危害，此后进入越冬期。成虫羽化后，啃食植株幼嫩组织、花及幼瓜。卵多散产于叶腋间，也有的产在茎节中部。产前成虫用上颚咬伤茎皮组织，将卵埋于其内或直接把卵产在瓜茎裂缝伤口处。幼虫孵出后先在皮层取食，渐潜蛀于茎中。随着食量的增大，被害部外溢的瓜胶脱落，幼虫蛀空髓部，并在此化蛹，成虫羽化后静置数日，从排粪孔中脱出。虫量大时，1株瓜蔓最多可捕获21头幼虫。

防治方法

1）入冬前彻底清除田间残藤，作为基肥或焚烧，可降低越冬虫口密度。

2）加强田间检查，若发现植株上有新鲜虫粪排挂，用80%敌敌畏乳油50倍液注入虫孔，可毒杀幼虫。

3）在成虫发生盛期，可用10%氟啶虫胺腈可溶性粉剂3000倍液或20%呋虫胺可溶粉剂2000~3000倍液进行喷雾防治。

黄瓜天牛

分布与危害 黄瓜天牛别名瓜藤天牛、南瓜大牛、牛角虫、蛀藤虫等，属鞘翅目、天牛科，主要分布在浙江、江苏、云南、贵州、福建、广西、广东、湖南和台湾等地，寄主为黄瓜、南瓜、西瓜、丝瓜、油瓜、冬瓜、葫芦等。

症状 黄瓜天牛以幼虫危害瓜蔓为主。低龄幼虫蛀食西瓜瓜蔓，造成瓜蔓生长衰弱；高龄幼虫蛀食瓜蔓内部组织，造成养分和水分输送困难，严重时将瓜蔓咬断，造成瓜蔓枯死，严重影响西瓜的产量和品质。在田间匍匐于地面的藤蔓，在高湿条件下，易受白绢病病原菌侵染，造成更严重的损失。

形态特征 1）幼虫。体长12~13毫米、宽2~2.5毫米，近圆筒形，乳黄色。上颚为黑色，头为褐色，前胸背板前沿两侧区隐现浅的褐色大斑。各节体背两侧和腹末节生有刚毛。气门圆形，褐色。体节背、腹部上的皱突移动器上的乳状突小而密，呈扁环状排列。

2）蛹。长10.5~11.5毫米、宽3~3.5毫米，初为乳白色，渐变为乳黄色至黄褐色。背面复眼内缘深内凹，几乎环抱触角窝。前胸背板风帽状，刻点内隐现黑褐色色素，生有较长的刚毛。触角贴翅基两侧延至第3腹节端部向腹面曲卷。各节腹板中部簇生一横列刚毛，臀板上生有褐色三角形小刺。腹面与南瓜斜斑天牛的蛹相似，但末节腹板端沿的弧形褐斑带长而色稍浅。

3）成虫（图3–36）。体长10.5~12毫米、宽约4毫米，雄成虫稍小。红褐色，湿度大时有些个体呈浅黑褐色。体被灰黄色绒毛，腹面、腿和胫节上疏布由黑色和灰色绒毛嵌成的豹纹。

图3–36 黄瓜天牛成虫

发生规律 1年发生1~3代，以幼虫或蛹在枯藤内越冬，第二年4月初越冬幼虫化蛹，羽化为成虫后迁移至西瓜幼苗上产卵，初孵幼虫即蛀入瓜藤内危害。8月上旬幼虫在瓜藤内化蛹，8月底羽化为成虫。成虫羽化后又飞至瓜藤上产卵，卵散产于瓜藤叶节裂缝内，幼虫初孵化后横居藤内，蛀食皮层。藤条被害后，轻者折断、腐烂或落瓜，严重的全株枯萎。成虫羽化后先静伏一段时间，然后咬破藤皮钻出，有假死性，稍触动便落地，白天隐伏瓜茎及叶荫蔽处，晚上活动取食、交配。

防治方法

1）入冬前清除田间植株残体，并燃烧或深埋，以降低越冬虫源。

2）捕杀成虫。可在天牛交配季节，进行人工捕杀。

3）加强检查。发现植株上有新鲜虫粪排出时，用注射器注入10%甲维·吡虫啉可溶粉剂50倍液，可毒杀幼虫。

4）在黄瓜天牛羽化盛期，可用3%噻虫啉微囊悬浮剂2000倍液进行喷雾防治。

 葫芦夜蛾

分布与危害 葫芦夜蛾为鳞翅目、夜蛾科害虫，分布于我国广大区域，北起黑龙江，南抵台湾、广东、广西、云南等均有发生。

症状 主要以幼虫危害叶片。幼虫啃食叶时，在近叶基1/4处啃食成1个弧圈，致使整片叶干枯，严重影响植株生长发育。

形态特征 1）幼虫（图3–37）。老熟幼虫体长35~40毫米，绿色，背线、亚背线、气门线为黄白色。体形前端细小，后端粗大，第1、2对腹足退化，第1~3节常向上拱起，体表有许多刺状突起。

2）成虫（图 3-38）。体长 15~20 毫米，翅展 31~40 毫米。头胸部为灰褐色，腹部为浅褐黄色，前翅为灰褐色。前缘区基部、中室及后端区有金色，前缘区中段有褐色细纹；基线不清晰，内横线双线为褐色，波浪形，在中室后内斜，环纹有灰边，肾纹窄且有褐色灰边；外线双线为褐色，微曲内斜，内线与外线间在 2 脉后带褐色，较浓；亚端线波曲；中段外方褐色较浓。后翅为褐灰色，后半部为棕黑色。

图 3-37　葫芦夜蛾幼虫

图 3-38　葫芦夜蛾成虫

发生规律 葫芦夜蛾在北方 1 年发生 1~2 代，在广东 1 年发生 5~7 代，以老熟幼虫在草丛中越冬。成虫有趋光性，卵散产于叶背。初龄幼虫将叶片食出小孔，3 龄后在近叶基 1/4 处将叶片咬成 1 个弧圈，使叶片干枯。老熟幼虫在叶背吐丝结薄茧化蛹。全年以 8 月发生最为严重。

防治方法

葫芦夜蛾在 1~3 龄幼虫期抗药性差，是喷药防治的最佳时期。药剂可选用 3% 溴氰·甲维盐微乳剂 3000 倍液或 20% 氯虫苯甲酰胺悬浮剂 1000 倍液，或 24% 甲氧虫酰肼悬浮剂 15~20 毫升兑水 45~60 千克，均匀喷雾，最好在傍晚施用，喷雾应均匀透彻。也可选用 20% 虫酰肼悬浮剂 1000~2000 倍液、24% 氰氟虫腙悬浮剂 600~800 倍液或 1.8% 阿维菌素乳油 1000 倍液等药剂。

棕榈蓟马

分布与危害 棕榈蓟马，别名瓜蓟马、棕黄蓟马，属缨翅目、蓟马科，分布在浙江、台湾、福建、广东、海南、贵州、四川等地，主要危害西瓜、黄瓜、苦瓜、冬瓜、节瓜、白瓜、茄子及豆科、十字花科蔬菜等。

症状 棕榈蓟马以成虫和若虫锉吸瓜果类嫩梢、嫩叶、花和幼瓜的汁液，受害嫩叶、嫩梢变硬缩小，茸毛呈灰褐至黑褐色，植株生长缓慢，节间缩短。花受害后（图 3–39），花朵变小畸形，无法完成授粉，造成落花；幼瓜受害后硬化，表面产生黄褐至褐色斑纹或锈皮，茸毛变黑，甚至畸形或造成落瓜，严重影响产量和质量。

图 3–39 棕榈蓟马危害花朵

1）卵。长约 0.2 毫米，长椭圆形，浅黄色，卵产于幼嫩组织内。

2）若虫（图 3–40）。1~2 龄若虫为浅黄色，无单眼及翅芽；3 龄若虫为浅黄白色，无单眼，翅芽达 3~4 腹节；4 龄若虫为浅黄白色，单眼 3 个，翅芽伸达腹部的 3/5。

3）成虫（图 3–41）。雌成虫体长 1.0~1.1 毫米，雄成虫体长 0.8~0.9 毫米，黄色；触角 7 节，第 1、2 节为橙黄色，第 3 与第 4 节基部为黄色，第 4 节的端部及后面几节为灰黑色；单眼间鬃位于单眼连线的外缘；前胸后缘有缘鬃 6 根，中央 2 根较长，后胸盾片网状纹中有 1 个明显的钟形感觉器；前翅上脉鬃 10 根，其中端鬃 3 根，下脉鬃 11 根，第 2 腹节侧缘鬃各 3 根，第 8 腹节后缘栉毛完整。

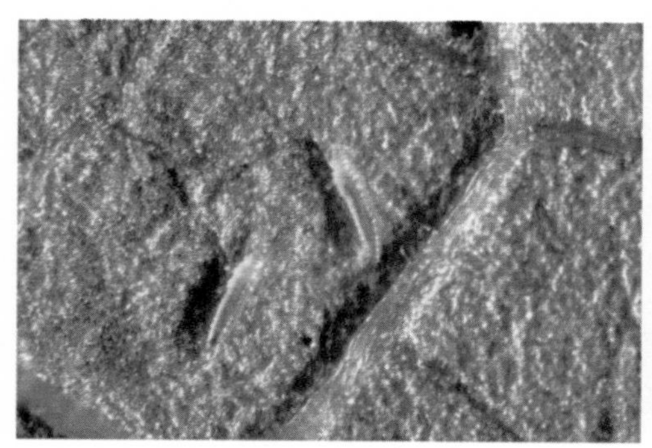
图 3–40 棕榈蓟马若虫

图 3–41 棕榈蓟马成虫

发生规律 长江中下游地区 1 年发生 10~12 代，广西地区 1 年发生 17~18 代，广东地区 1 年发生 20 多代，世代重叠严重。多以成虫在茄科、豆科、杂草或在土缝下、枯枝落叶中越冬，少数以若虫越冬。3~10 月危害瓜果类和茄子，冬季取食马铃薯、水茄等植物，在夏秋高温季节发生严重。棕榈蓟马成虫具有较强的趋蓝性、趋嫩性和迁飞性，爬行敏捷、善跳、怕光，平均每头雌成虫可产卵 30~50 粒，卵产于生长点及幼瓜的茸毛内。可营两性生殖和孤雌生殖，初孵若虫群集危害，1~2 龄多在植株幼嫩部位取食和活动，到3龄末期停止取食，落入表土“化蛹”。棕榈蓟马若虫发育最适宜温度为25~30℃，土壤相对湿度在20%左右。卵期5~6天，若虫期9~12天。

防治方法

1）减少虫源。早春清除田间杂草和枯枝残叶，集中烧毁或深埋，以消灭越冬成虫和若虫。

2）加强管理。及时整枝打杈，勤浇水，勤除草，加强水肥管理，增施有机肥和磷钾肥，促进植株健壮生长，以提高植株的抗逆性。

3）覆盖地膜（特别是黑地膜）。一方面可以提高地温，促进苗期生长；另一方面可以阻止棕榈蓟马入地化蛹，降低成虫羽化率。

4）蓝板诱杀。利用蓟马趋蓝色的习性，在田间设置蓝色粘板，一般每亩设置40~60块，可诱杀成虫，粘板高度与西瓜植株高度持平。

5）灌根处理。在齐苗后和定植前1~2天，用60%吡虫啉悬浮种衣剂或70%噻虫嗪悬浮种衣剂对苗床进行灌根处理，可控制苗期棕榈蓟马的危害，持效期可达100天以上，防治效果显著。

6）喷雾防治。由于棕榈蓟马有昼伏夜出的危害特性，施药应在8:00之前和17:00之后进行。发病初期，可选用0.5%藜芦碱可湿性粉剂800倍液、10%烯啶虫胺水剂稀释2000~3000倍、20%啶虫脒可溶性液剂1000倍液、60克/升乙基多杀菌素悬浮剂3000倍液或22.4%螺虫乙酯悬浮剂2000倍液+有机硅3000倍液进行喷雾防治，重点喷洒花、幼果、顶尖及嫩梢部位，做到细致均匀，否则在温室环境下，棕榈蓟马生长发育快，很快会卷土重来。

7）熏烟防治。若采用保护地栽培，当棕榈蓟马数量较大时，在阴雨天气或棚内浇水后选用敌敌畏烟剂250克/米^{2}或20%异丙威烟剂250克/米^2，于傍晚收工时将大棚密闭，把烟剂分成几份点燃，第二天早晨通风换气。

黄蓟马

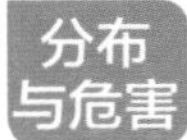

黄蓟马，又名菜田黄蓟马、棉蓟马、亮蓟马等，属昆虫纲、缨翅目、蓟马科，分布于吉林、辽宁、内蒙古、宁夏、新疆、山西、河北、河南、山东、安徽、

江苏、浙江、福建、台湾、湖北、湖南、上海、江西、广东、海南、广西、贵州、云南等地，主要危害节瓜、冬瓜、苦瓜、西瓜，也危害番茄、茄子和豆类蔬菜。

症状 黄蓟马成虫、若虫在植物幼嫩部位吸食危害。叶片受害后常失绿而呈现黄白色，甚至呈灼伤般焦状，不能正常伸展，扭曲变形，或常留下褪色的条纹或片状银白色斑纹（图 3-42）。花受害后常脱色，呈现出不规则的白斑，严重时花瓣扭曲变形，甚至腐烂。

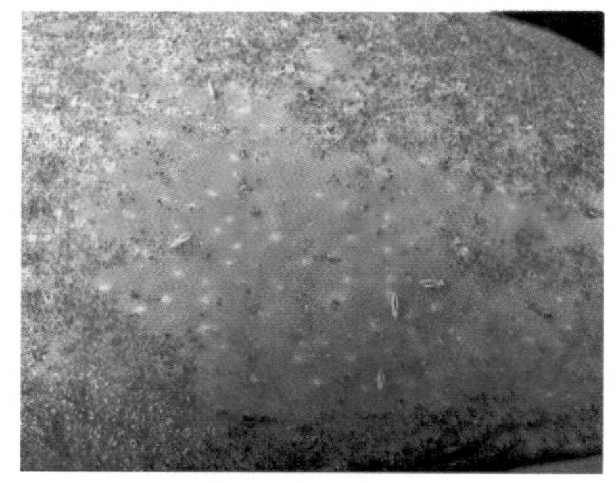
图 3-42　黄蓟马危害叶片症状

形态特征 1）卵。长 0.2 毫米，肾形。初产时为乳白，半透明，后变为浅黄色。

2）若虫。初孵若虫为白色透明，复眼为红色，触角粗短；头、胸约占体长的一半，胸宽于腹部。2 龄若虫体长 0.5~0.8 毫米，浅黄色，触角第 1 节为浅黄色，其余为暗灰色，中后胸与腹部等宽，头、胸长度略短于腹部长度。3 龄若虫（前蛹）为黄色，复眼为灰黑色，触角第 1、2 节大，第 3 节小，第 4~8 节渐尖；翅芽为白色透明，伸达第 3 腹节。4 龄若虫（蛹）为黄色，复眼前半部为红色，后半部为黑褐色；触角倒贴于头及前胸背面；前期翅芽伸达第 4 腹节，后期翅芽伸达第 8 腹节。

3）成虫（图 3-43）。成虫体长约 0.9 毫米，橙黄色，头宽约为长的 1 倍；触角 8 节，第 1~2 节为浅褐色，第 3~8 节为暗褐色，第 3~4 节有“U”形感觉器；复眼为红褐色，复眼后有鬃 2 根，单眼为橙红色，单眼间有鬃 2 根；前胸背后侧角有粗鬃 1 根，前翅狭长为浅黄褐色，有纵脉 2 根，上脉鬃 10 根，其中基鬃 7 根、端鬃 3 根，下脉鬃 2 根；第 2~7 腹节各有 1 条囊状暗褐色斑纹，第 8 腹节后缘栉毛明显，腹部鬃毛较长。

图 3-43　黄蓟马成虫

发生规律 黄蓟马1年发生4~21代，在广东、海南、台湾、广西、福建等地区1年发生20~21代；在上海、云南、江西、浙江、湖北、湖南等华中、华东地区1年可发生14~16代；在北方地区1年可发生8~12代，世代重叠，无明显越冬现象。以成虫潜伏在土块、土缝下或枯枝落叶间越冬，少数以若虫越冬。每年4月开始活动，5~9月进入危害高峰期，以秋季最为严重。初羽化的成虫具有趋嫩性，且特别活跃，能飞善跳，行动敏捷。畏强光，白天阳光充足时，成虫多数隐蔽于花木或植物生长点或花蕾处取食，少数在叶背危害。雌成虫有孤雌生殖能力，卵散产于植物叶肉组织内，平均温度为26.9℃，平均湿度为82.7%时，卵期3.3~5.2天，1~2龄若虫3.5~5天，3~4龄若虫3.7~6天，成虫寿命为25~53天。

防治方法

参见棕榈蓟马的防治方法。

西花蓟马

分布与危害 西花蓟马又称苜蓿蓟马，属缨翅目、蓟马科，在我国台湾、北京、浙江、云南等大部分地区都有分布，是一种危害性极大的外来入侵害虫。

症状 以成虫锉吸式口器取食植物的茎、叶、花、果。受害叶片初期出现白色斑点，后多个斑点连成片，叶片正面似斑点病，叶背则有虫粪，严重时叶片变小、皱缩，甚至黄化、干枯、凋萎。花受害后出现白色斑点，严重时花瓣褪色变为褐色（图3–44）。果实受害后在表面留下创痕，甚至出现疤痕，失去商品价值，同时，还能传播番茄斑萎病毒等多种病毒。

图3–44 西花蓟马危害花朵

形态特征 1）若虫。有4个龄期。1龄若虫一般无色透明，虫体包括头、3个胸节、11个腹节；在胸部有3对结构相似的胸足，没有翅芽。2龄若虫为金黄色，形态与1龄若虫相同。3龄若虫为白色，具有发育完好的胸足、翅芽和发育不完全的触角，身体变短，触角直立，少动，又称“前蛹”。4龄若虫为白色，在头部具有发育完全的触角、扩展的翅芽及伸长的胸足，又称“蛹”，不透明，肾形，长约200微米。

2）成虫（图3–45）。雌成虫体长1.2~1.7毫米，浅黄色至棕色，头及胸部颜色较腹部略浅；雄成虫与雌成虫形态相似，但体形较小，颜色较浅。触角8节，腹部第8节有梳状毛。

图3–45 西花蓟马成虫

发生规律 西花蓟马繁殖能力极强，1年可发生16~17代，以成虫和若虫在作物和杂草上越冬，也可在棚室内越冬。发育适宜温度为20~30℃，在25~35℃条件下2周内即可完成1代。成虫将卵产在嫩叶、花、幼果等幼嫩组织内，在25℃条件下，5天左右即可孵化为若虫。1~2龄若虫常群聚在花、幼瓜、生长点等部位取食，3~4龄若虫称为蛹期，不取食也不活动。成虫羽化后3天即可交配，并且有多次交配习性，雌成虫既可有性生殖，也可孤雌生殖，未交配雌成虫仅产生雄虫，而交配雌成虫既可产生雌虫也可产生雄虫。

防治方法

1）农业防治。清除瓜田及周围杂草，以减少越冬虫口基数。加强田间管理，干旱时更易受到西花蓟马的入侵，所以定期浇水，防止田间干旱，可有效减轻西花蓟马的发生。

2）物理防治。利用西花蓟马对蓝色的趋性，可采取蓝色诱虫板对西花蓟马进行诱集，效果较好。

3）生物防治。利用西花蓟马的天敌钝绥螨等，可有效控制西花蓟马的数量。如在温室中每7天释放钝绥螨200~350头/米^2，可完全控制其危害。释放小花蝽也有良好的效果。

4）药剂防治。在发生初期，可选用10%虫螨腈乳油2000倍液、10%氟啶虫酰胺水分散粒剂2000倍液或46%氟啶·啶虫脒水分散粒剂4000倍液等进行喷雾防治，视虫情每隔7~10天喷1次，连喷2~3次。喷洒农药时，一要注意不同的农药应交替使用，以免削弱其抗药性；二要注意使用的间隔期及浓度，以减轻化学杀虫剂的选择压力，延缓害虫抗药性的产生。

黄胸蓟马

分布与危害 黄胸蓟马又叫夏威夷蓟马，为缨翅目、蓟马科昆虫，主要分布在淮河以南各地，可危害各种瓜果类、豇豆、四季豆、辣椒、茄子及十字花科等蔬菜。

症状 黄胸蓟马以成虫和若虫锉吸植物的花、子房及幼果汁液。花受害后常留下灰白色的点状食痕，危害严重的花瓣卷缩，导致提前凋谢，影响结实。果实受害后出现红色小点，后变黑，此外，还有产卵痕，果实失去商品价值。

形态特征 1）卵。浅黄色，肾形，细小。

2）若虫。体形与成虫相似，但较小，浅褐色，无翅，眼稍稍退化，触角节数较少。

3）成虫（图 3–46）。雌成虫体长 1.2 毫米，胸部为橙黄色，腹部为黑褐色；触角 7 节，第 3 节为黄色，其余为褐色；前胸背板前角有短粗鬃 1 对，后角 2 对；前翅为灰色，有时基部颜色稍浅，前翅上脉基鬃 4+3 根，端鬃 3 根，下脉鬃 15~16 根，足色浅于体色；腹部腹板具附鬃，第 5~8 节两侧有微弯梳，第 8 节背板后缘梳两侧退化。雄成虫为黄色，较雌成虫略小。

图 3–46 黄胸蓟马成虫

发生规律 1 年发生 10 多代，热带地区 1 年发生 20 多代，在温室可常年发生。以成虫在枯枝落叶下越冬，第二年 3 月初开始活动危害。成虫、若虫隐匿花中，受惊时，成虫振翅飞逃。雌成虫产卵于花瓣或花蕊的表皮下，有时半埋在表皮下。成虫、若虫取食时，用口器锉碎植物表面吸取汁液，但口器并不锐利，只能在植物的幼嫩部位锉吸。黄胸蓟马食性很杂，在不同植物间常可相互转移危害。高温干旱条件利于此虫大面积发生，多雨季节发生少，借风常可将其吹入异地。

防治方法

1）采用营养钵提前育苗，采用棚室提早定植，避开危害高峰期。

2）露地栽培时，幼苗出土后，用银灰膜覆盖，对蓟马、蚜虫均有忌避作用。

3）将蓝色的粘虫带悬于植株间，既有预测的作用，又能诱捕大量成虫，减少成虫数量。

4）药剂防治。植株生长点出现 1~3 头黄胸蓟马时，可选用 0.5% 藜芦碱可湿性粉剂 800 倍液、20% 啶虫脒可溶性液剂 1000 倍液、60 克 / 升乙基多杀菌素悬浮剂 3000 倍液或 22.4% 螺虫乙酯悬浮剂 2000 倍液 + 有机硅 3000 倍液，重点喷洒花、幼果、顶尖及嫩梢部位，做到细致均匀，否则在棚室环境下，黄胸蓟马生长发育快，很快会卷土重来。每隔 5~7 天防治 1 次，连续防治 3~4 次。

红脊长蝽

分布与危害 红脊长蝽又叫黑斑红长蝽，为半翅目、长蝽科害虫，分布在北京、天津、江苏、河南、浙江、江西、广东、广西、四川、云南和台湾等地区，主要危害瓜果类蔬菜。

症状 成虫和若虫群集于嫩茎、嫩瓜、嫩叶上刺吸汁液，刺吸处呈褐色斑点，严重时导致植株枯萎。

形态特征 1）若虫（图 3–47）。若虫和成虫形态近似，只是翅还没发育完全。

2）卵。长约 0.9 毫米，长卵形；初产乳黄色，渐变赭黄色；卵壳上有许多细纵纹。

3）成虫（图 3–48）。体长 8~11 毫米，长椭圆形，头、触角和足黑色，体赤黄色；前胸背板后缘中部稍向前凹入，纵脊两侧各有一个近方形的大黑斑；小盾片呈三角形，黑色；前翅爪片除基部和端部为赤黄色外基本上为黑色，革片和缘片的中域有一黑斑，膜质部黑色，基部近小盾片末端处有一枚白斑，其前缘和外缘为白色。

图 3–47 红脊长蝽若虫

图 3–48 红脊长蝽成虫

发生规律 红脊长蝽1年发生2代，以成虫在寄主附近的树洞、枯叶、石块或土块下面的穴洞中结团越冬，第二年4月开始活动。第一代若虫于5月底~6月中旬孵出，7~8月羽化产卵；第二代若虫于8月上旬~9月中旬孵出，9月中旬~11月中旬羽化，11月上中旬进入越冬。成虫怕强光，以10：00前和17：00后取食较盛。卵成堆产于土缝里、石块下或根际附近的土表，一般每堆30余粒，最多可达300粒。

● 防治方法

1）加强植物检疫。红脊长蝽虽然有一定的飞行能力，但远距离传播主要还是通过苗木运输。因此，严禁将带有病虫草害的苗木调进或调出。一旦发现有红脊长蝽危害，要及时进行处理，防止其向非疫区扩散。

2）清洁田园。冬季和早春趁越冬虫恢复活动前，及时彻底地清理地头、地边等周边杂草，西瓜收获后的病虫叶和杂草，应集中销毁或深埋，以减少越冬虫源。

3）人工捕杀。红脊长蝽在10:00以前和17:00以后取食最盛。所以，可以于早晚开展人工捕杀成虫和若虫，同时摘除田间卵块。

4）土壤处理。在瓜苗移栽时，每亩可用1%呋虫胺颗粒剂1~2千克穴施或撒施，与穴内土壤混合均匀，或者在撒播时与播种沟的土壤混合处理，可有效防治红脊长蝽，持效期可达30天左右。

5）药剂防治。红脊长蝽危害时间较长，5~9月为主要危害期，在此期间可选用20%呋虫胺可溶性粒剂2000倍液、50%氟啶虫胺腈水分散粒剂4000倍液或5%高效氯氟氰菊酯+70%噻虫嗪水分散粒剂1000倍液，对红脊长蝽均有很好的防治效果，持效期可达20天左右。在喷施药液时，重点喷施叶片和茎蔓等部位，并且要喷到叶片的正反两面。此外，周围地面裂缝也都要喷上药剂。喷药时间一般选择在红脊长蝽若虫3龄前为好。

二斑叶螨

分布与危害 二斑叶螨又名二点叶螨、白蜘蛛，属于蛛形纲、叶螨属，寄主广泛，可危害西瓜、大豆、花生、玉米、高粱、苹果、梨、桃、杏、李、樱桃、葡萄、棉花、豇豆等近百种作物。

症状 二斑叶螨主要以成螨寄生在叶片的背面取食，刺穿细胞，吸取汁液，受害叶片先从近叶柄的主脉两侧出现苍白色斑点，随着危害的加重，可使叶片变成灰白色甚至暗褐色，影响叶片光合作用的正常进行，严重者叶片焦枯以致提早脱落。另外，该螨还释放毒素或生长调节物质，引起植物生长失衡，以致有些幼嫩叶呈现凹凸不平的受害状，大量发生时田间叶片呈现一片焦枯现象。二斑叶螨有很强的吐丝结网集合栖息特性，所结网有时可将全叶覆盖起来，并罗织到叶柄，甚至细丝还可在树株间搭接，螨顺丝爬行扩散（图 3–49）。

形态特征 二斑叶螨生长阶段的形态见图 3–50。

1）卵。球形，长 0.13 毫米，光滑，初产为乳白色，渐变为橙黄色，将要孵化时现出红色眼点。

图 3–49　二斑叶螨危害叶片症状

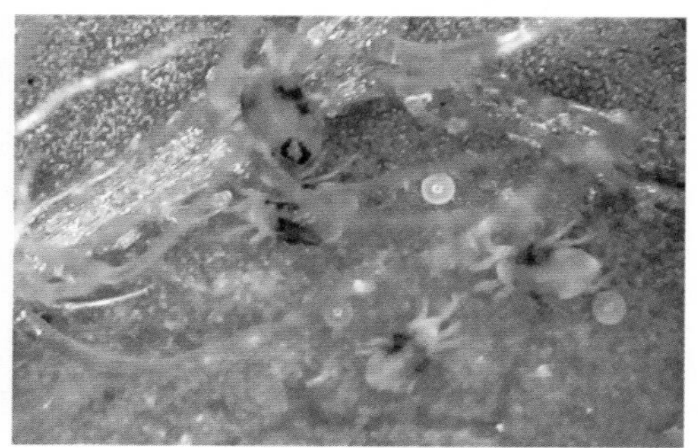
图 3–50　二斑叶螨生长阶段的形态

2）幼螨。初孵时近圆形，体长 0.15 毫米，白色，取食后变为暗绿色，眼为红色，足 3 对。

3）若螨。前若螨体长 0.21 毫米，近卵圆形，足 4 对，色变深，体背出现色斑。后若螨体长 0.36 毫米，与成螨相似。

4）成螨。雌成螨体长 0.42~0.59 毫米，椭圆形，体背有刚毛 26 根，排成 6 横排；在生长季节为白色、黄白色个体，无红色个体出现；体背两侧各有 1 个黑色长斑，取食后呈浓绿、褐绿色；当密度大或种群迁移前体色变为橙黄色；滞育期个体呈红褐色，体侧无斑（图 3–51）；与朱砂叶螨的最大区别为在生长季节无红色个体，其他均相同。雄成螨体长 0.26 毫米，近卵圆形，前端近圆形，腹末较尖，多呈绿色。

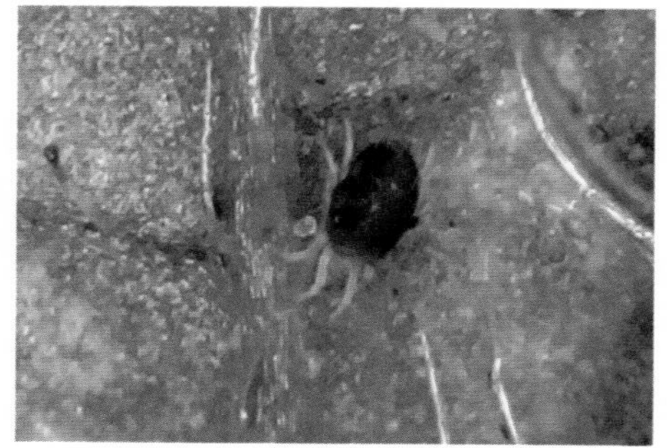
图 3–51　二斑叶螨滞育期形态

发生规律 二斑叶螨1年发生10~20代。在南方地区1年发生20代以上，无明显越冬现象；在北方地区1年发生12~15代，以受精的雌成虫在土缝、枯枝落叶下或宿根杂草的根际等处吐丝结网潜伏越冬，若在树木上则在树皮下、裂缝中或在根颈处的土壤中越冬。第二年3月，平均温度达10℃左右时，越冬雌成螨开始出蛰活动并产卵。越冬雌成螨出蛰后多集中在早春寄主如小旋花、葎草、菊科、十字花科等杂草和草莓上危害，第一代卵也多产这些杂草上，卵期10余天。雌成螨开始产卵至第一代幼虫孵化盛期需20~30天，以后世代重叠。在早春寄主上一般发生1代，于5月上旬后陆续迁移到蔬菜上危害。由于温度较低，5月一般不会造成大的危害。随着气温的升高，其繁殖也加快，在6月上、中旬进入全年的猖獗危害期，于7月上、中旬进入高峰期，一般年份可持续到8月中旬前后。10月后陆续出现滞育期个体；但若此时温度超出25℃，滞育期个体仍然可以恢复取食，体色由红褐色再变回黄绿色，进入11月后均滞育越冬。二斑叶螨营两性生殖，受精卵发育为雌螨，不受精卵发育为雄螨。每头雌成螨可产卵50~110粒，最多可达216粒。成螨喜群集在叶背主脉附近并吐丝结网于网下危害，大量发生或食料不足时常千余头群集于叶端成一团。

防治方法

1）清洁田园。在4月中、下旬后，杂草上的二斑叶螨种群主要为卵和幼螨时，及时清除瓜田周围的杂草，以消灭越冬成螨，降低越冬虫口基数，推迟危害高峰期出现的时间，并缩短猖獗发生期持续的时间。

2）加强水肥管理。在西瓜定植后、结果前，注意适当灌水，尤其是遇气温高或干旱时，要及时灌溉，尽量避免土壤过分干燥；增施磷钾肥，促进植株生长，抑制害螨快速繁殖。

3）生物防治。有条件的可释放捕食螨、草蛉等二斑叶螨的天敌，对压低二斑叶螨前期虫口基数，控制其危害高峰具有重要作用。

4）药剂防治。二斑叶螨对常用杀螨剂，如阿维菌素、哒螨灵、唑螨酯、噻螨特等多种药剂均产生较高抗性，推荐剂量基本无效。试验表明，43%联苯肼酯悬浮液3000倍液可有效防治该螨，但在使用时要做到均匀细致，在一个生长季连续使用不要超过2次，并且与其他药剂交替使用，以延缓抗性的产生。也可选用22%阿维螺螨酯悬浮剂3000倍液、25%阿维乙螨唑乳油2500倍液等药剂进行喷雾防治，每次使用间隔1周，连喷2次，可以得到很好的控制。喷药时注意将喷头插入植株下部朝上喷，使药剂喷布叶片背面，在喷药前最好先清除老叶，这样不仅施药方便周到，而且效果好。鉴于二斑叶螨容易对同一种药剂产生抗性，防治时注意以上几种药剂交替使用。

康氏粉蚧

分布与危害 康氏粉蚧又名梨粉蚧、桑粉蚧，为同翅目、粉蚧科、粉蚧属的一种昆虫，主要分布于黑龙江、吉林，辽宁、内蒙古、宁夏、甘肃、青海、新疆、山西、河北、山东等地区。

症状 康氏粉蚧主要以若虫和雌成虫刺吸嫩芽、叶、果实、枝叶及根部的汁液。叶片受害（图 3–52），常出现叶片扭曲、肿胀、皱缩且易纵裂而枯死，严重影响叶片的光合作用。幼果受害，常因群居在萼洼和梗洼处的成虫所分泌的白色蜡粉污染，且被吸取汁液后多呈畸形果，严重时造成组织坏死，出现大小不等的黑点或黑斑甚至腐烂。若虫分泌的黏液会引起果实发生煤污病，使果实失去商品价值和食用价值。

形态特征 1）卵。椭圆形，长 0.3~0.4 毫米，浅橙黄色，数十粒集中成块，外覆白色蜡粉，产于白色絮状卵囊内。

2）若虫。初孵若虫体扁平，椭圆形，浅黄色，眼紫褐色，触角 6 节，粗大，口针长延到肛环，体表两侧布满纤毛。

3）蛹。为裸蛹，长 1.2 毫米，浅紫色。

4）茧。长椭圆形，体长 2~2.5 毫米，白色，棉絮状。

5）成虫（图 3–53）。雌成虫体长 5 毫米，扁椭圆形，浅粉红色，体表被有白色蜡粉，体缘有 17 对白色蜡丝，蜡丝基部较粗，向端部渐细；体前端的蜡丝较短，向后渐长，最后 1 对最长；触角 8 节，眼呈半球形，足较发达，疏生刚毛；肛环为椭圆形，上有 2 列小圆孔和 6 根刚毛。雄成虫体长 1 毫米左右，紫褐色，触角和胸背中央色浅，单眼为紫褐色，前翅发达透明，后翅退化为平衡棒。

图 3–52　康氏粉蚧正在危害叶片

图 3–53　康氏粉蚧成虫

发生规律 康氏粉蚧1年发生3代，以卵在各种缝隙及土石缝处越冬，少数以若虫和受精雌成虫越冬。寄主萌动发芽时开始活动，卵开始孵化分散危害。第一代若虫盛发期为5月中下旬，6月上旬~7月上旬陆续羽化，交配产卵。第二代若虫于6月下旬~7月下旬孵化，盛发期为7月中下旬，8月上旬~9月上旬羽化，交配产卵。第三代若虫于8月中旬开始孵化，8月下旬~9月上旬进入盛发期，9月下旬开始羽化，交配产卵越冬；早产的卵可孵化，以若虫越冬；羽化迟者交配后不产卵即越冬。雌若虫期35~50天，雄若虫期25~40天。雌成虫交配后再经短时间取食，寻找适宜场所分泌卵囊产卵其中。每头雌成虫产卵量：1~2代为200~450粒，3代为70~150粒，越冬卵多产在缝隙中。康氏粉蚧可随时活动转移危害。

防治方法

1）冬季做好植株修剪及清园，消灭在枯枝、落叶、杂草与表土中越冬的虫源。

2）开春后喷施40%啶虫·毒乳油2000~3000倍液，可杀死虫卵，减少孵化虫量。

3）生物防治。利用康氏粉蚧的天敌昆虫如红点唇瓢虫，进行防治。其成虫、幼虫均可捕食此蚧的卵、若虫、蛹和成虫，6月后捕食率可高达78%。此外，还可利用寄生蝇和捕食螨等。

4）药剂防治。在若虫孵化盛期用药，此时蜡质层未形成或刚形成，对药物比较敏感，药剂用量少、效果好。可选用40%螺虫·毒死蜱悬浮剂1500~2000倍液、33%螺虫·噻嗪酮悬浮剂3000~3500倍液、22%螺虫·噻虫啉悬浮剂3000~5000倍液或75%吡蚜·螺虫酯悬浮剂3000倍液等药剂，对全株进行均匀喷雾。建议连用2次，中间间隔7~10天。

侧多食跗线螨

分布与危害 侧多食跗线螨，又称茶黄螨、茶跗线螨，为真螨目、跗线螨科、茶黄螨属，主要危害西瓜、茄子、辣椒、马铃薯、番茄、菜豆、豇豆、黄瓜、丝瓜、苦瓜、萝卜、蕹菜、芹菜等蔬菜，还可危害茶、柑橘、烟草和菊属等植物，主要分布在北京、江苏、浙江、湖北、四川、贵州、台湾等地区，近年来对蔬菜的危害日趋严重。

症状 主要危害嫩叶和嫩茎，受害部呈黄褐色或灰褐色。严重时，叶片沿外缘向叶背卷曲，叶肉增厚，叶片变硬变脆，嫩梢扭曲畸形（图3–54）。

形态特征 1）卵（图 3–55）。椭圆形，无色透明，表面有纵向排列的 5~6 行白色瘤状突起。

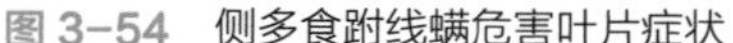
图 3–54 侧多食跗线螨危害叶片症状

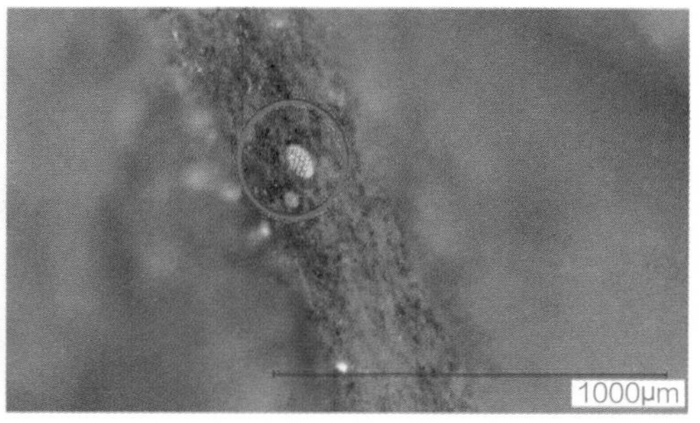

图 3–55 侧多食跗线螨卵

2）若螨（图 3–56）。近椭圆形，浅绿色，足 3 对，体背有 1 条白色纵带，腹末端有 1 对刚毛。若螨是一静止阶段，外面罩有幼螨的表皮。

3）成螨（图 3–57）。雌成螨体躯为阔卵形，腹部末端平截，浅黄色至橙黄色，半透明，有光泽；身体分节不明显，体背有 1 条纵向白带；足较短，4 对，第 4 对足纤细，其跗节末端有端毛和亚端毛；腹部后足体部有 4 对刚毛；假气门器官向后端扩展。雄成螨近六角形，腹部末端呈圆锥形；前足体 3~4 对刚毛，腹面后足体有 4 对刚毛；足较长而粗壮，第 3、4 对足的基节相连，第 4 对足胫跗节细长，向内侧弯曲，远端 1/3 处有 1 根特别长的鞭毛，爪退化为纽扣状。

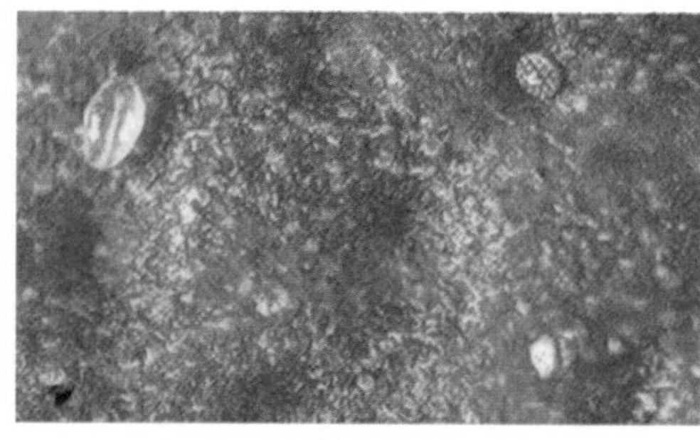
图 3–56 侧多食跗线螨若螨

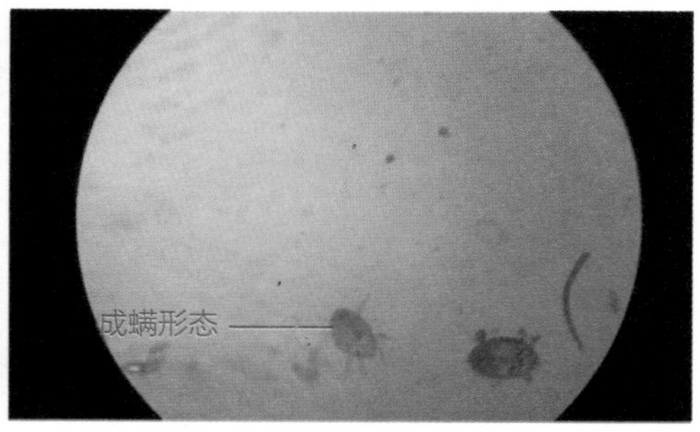

图 3–57 侧多食跗线螨成螨

发生规律 1 年可发生 20 多代，主要在棚室中的植株上或在土壤中越冬。棚室栽培时全年均有发生，而露地栽培则以 6~9 月受害较重。该螨生长迅速，在 18~20℃下，7~10 天可发育 1 代，在 28~30℃下，4~5 天发生 1 代。生长的最适温度为 16~23℃，相对湿度为 80%~90%。以两性生殖为主，也可进行孤雌生殖，但未受精的卵孵化率低，且均为雄性。单雌产卵量为百余粒，卵多散产于嫩叶背面和果实的凹陷处。成螨活动能力强，靠爬迁或自然力扩散蔓延。大雨对其有冲刷作用。

防治方法

1）调整种植结构。选用非嗜食寄主与嗜食寄主进行轮作，切断该螨的食物链。生产中，可选用的非嗜食寄主有十字花科、百合科作物。

2）熏蒸处理。冬季棚室在育苗和定植前，采用硫黄粉熏蒸，以消灭虫源。每1000米^{2}棚室用硫黄粉5千克拌入1倍量的干锯末，在阴、雨、雪天的无风夜晚，分置2~3堆点燃，第二天早晨开口放风，5~7天后育苗或定植幼苗。

3）保护和利用天敌。该螨有很多天敌，如智利小植绥螨、黄瓜新小绥螨、巴氏新小绥螨、斯氏钝绥螨、拉哥钝绥螨、伊拟绥螨、小花蝽等，在发生初期，可以加以利用。

4）药剂防治。在田间发现有该螨危害，卷叶株率达到0.5%时就要喷药控制，可选用20%双甲脒乳油1000~1500倍液、15%哒螨灵乳油1500~3000倍液、5%唑螨酯悬浮剂2000~3000倍液、1.2%烟碱·苦参碱乳油1000~2000倍液、5%噻螨酮乳油2000~3000倍液、30%嘧螨酯悬浮剂2000~3000倍液、10%浏阳霉素乳油1000~2000倍液或50%溴螨酯乳油1000~2000倍液进行喷雾防治。

灰地种蝇

分布与危害 灰地种蝇，别名地蛆、种蛆、菜蛆、根蛆、种蝇，属双翅目、花蝇科昆虫，在全国各西瓜产区均有分布，主要危害西瓜初萌发的种子和根。灰地种蝇除危害西瓜外，还能危害豆类、花生、玉米、棉花和十字花科蔬菜等作物。

症状 灰地种蝇主要以幼虫危害播下的西瓜种子，取食胚乳或子叶，引起种芽畸形、腐烂而不能出苗；也可危害植株根茎部，引起根茎腐烂或枯死，造成缺苗断垄。

形态特征 1）卵。长约1毫米，长椭圆形，稍弯，乳白色，表面有网纹。

2）幼虫（图3–58）。蛆形，体长7~8毫米，乳白而稍带浅黄色；尾节有7对肉质突起，1~2对等高，5~6对等长。

3）蛹。长4~5毫米，红褐或黄褐色，椭圆形，腹末有7对可辨突起。

4）成虫（图3–59）。体长4~6毫米。雄成虫为暗黄或暗褐色，两复眼几乎相连，触角为黑色，胸部背面有3条黑纵纹，腹部为灰黄色，前翅基背鬃长度不及盾间沟后的背中鬃的一半，后足胫节内下方有 1 列稠密末端弯曲的短毛；腹部背面中央有 1 条黑纵纹，各腹节间有 1 条黑色横纹。雌成虫为灰色至黄色，两复眼间距为头宽的 1/3；前翅基背鬃同雄蝇，后足胫节无雄蝇的特征，中足胫节外上方有 1 根刚毛；腹背中央纵纹不明显。

图 3-58 灰地种蝇幼虫和蛹

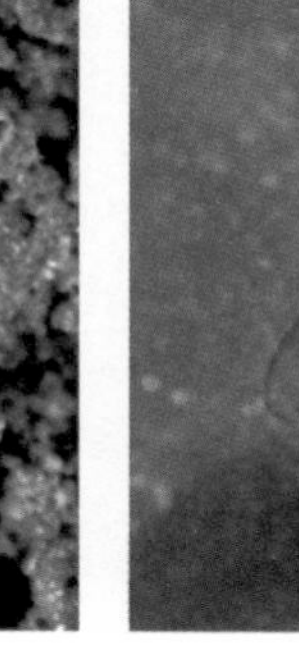

图 3-59 灰地种蝇成虫

发生规律 由北而南 1 年发生 2~6 代，以蛹越冬，第二年 4 月当日平均温度为 5℃时始见成虫，13℃时成虫数量大增；4 月中旬进入幼虫严重危害期，但田间仍可见大量成虫；5 月初 1 代幼虫入土化蛹。成虫白天活动，喜欢聚集在有臭味的粪肥上，晚上潜藏在土缝中，晴天以 10 : 00~14 : 00 活动最盛，气温低、大风、下雨均影响成虫活动。成虫将卵产在瓜苗的根部周围或附近的浅土中。有研究表明，成虫喜欢在已播种、浇过水，但穴未完全覆土的种坑产卵，仅浇水没播种的则不产卵。田中施用腐熟不完全的粪肥时受害严重。幼虫孵化后即在植物根上生活，老熟后，在根部的土中化蛹。第一代幼虫发生期是全年危害的重点时期，夏季危害较轻。

● 防治方法

1）加强水肥管理。施用充分腐熟的有机肥，做到均匀、深施、种肥隔开。已发生虫害的棚室勤浇水，必要时浇大水。

2）成虫产卵高峰及地蛆孵化盛期及时防治，通常采用诱测成虫法。诱剂配方：糖 1 份、醋 1 份、水 2.5 份，加少量敌百虫拌匀。诱蝇器可用大碗，先放少量锯末，然后倒入诱剂加盖。每天在成虫活动时开盖，及时检查诱杀数量，并注意添补诱剂，当诱蝇器内成虫数量突增或雌雄比近 1 : 1 时，即为成虫盛期，应立即进行防治。

3）土壤处理。用 50% 辛硫磷乳油 200~250 克 / 亩，加水 10 倍，喷于 25~30 千克细土上拌匀成毒土，顺垄条施，随即浅锄，或以同样用量的毒土撒于种沟或地面，随即耕翻，或混入厩肥中施用，或结合灌水施入。还可用 5% 辛硫磷颗粒剂 2.5~3 千克 / 亩处理土壤，也能收到良好效果，还能兼治金针虫和蝼蛄。

4）种子处理。用 25% 辛硫磷胶囊剂或用种子重量 2% 的 35% 克百威种衣剂拌种，均可达到防治的目的，也能兼治金针虫和蝼蛄等地下害虫。

斜纹夜蛾

分布与危害 斜纹夜蛾，为鳞翅目、夜蛾科、斜纹夜蛾属，是一种世界性害虫，我国除青海、新疆地区外，其他西瓜产区均有发生。

症状 斜纹夜蛾是一种杂食性害虫，对白菜、甘蓝、芥菜、马铃薯、茄子、番茄、辣椒、西瓜、南瓜、丝瓜、冬瓜等蔬菜，以及藜科、百合科等多种作物都能产生危害。以幼虫咬食叶片、花蕾、花及幼果，初龄幼虫啮食叶片下表皮及叶肉，仅留上表皮呈透明斑；4 龄以后开始暴食，咬食叶片，仅留主脉。老龄幼虫还可蛀食果实。该虫害容易暴发成灾。

形态特征 1）卵。扁半球形，直径为 0.4~0.5 毫米，初产时为黄白色，后转为浅绿色，孵化前为紫黑色。卵粒集结成 3~4 层卵块，上覆黄色绒毛。

2）幼虫（图 3–60）。老熟幼虫体长 35~50 毫米，头部为黑褐色，胴部为黄绿色至墨绿色或黑色，从中胸至第 9 腹节亚背线内侧各有 1 对三角形黑斑。

3）蛹。体长 15~20 毫米，棕红色。臀棘短，有 1 对强大而弯曲的刺。

4）成虫（图 3–61）。体长 14~20 毫米，翅展 33~45 毫米，全体呈暗褐色；前

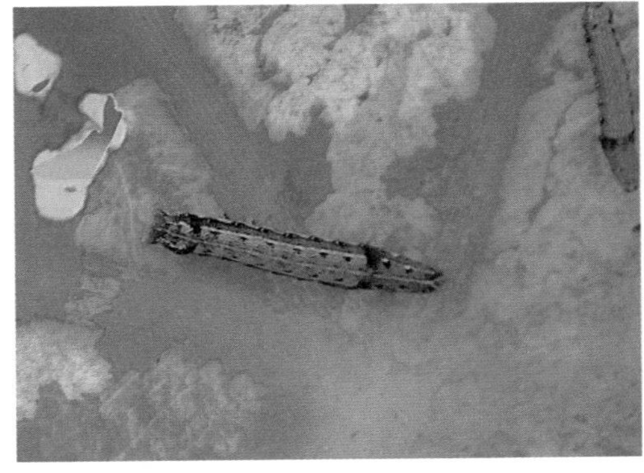

图 3–60　斜纹夜蛾幼虫

图 3–61　斜纹夜蛾成虫

翅为灰褐色，内横线和外横线为灰白色，呈波浪形；在环状纹与肾状纹间有 3 条白色斜纹，肾状纹前部呈白色，后部呈黑色；后翅呈白色，无斑纹。

发生规律 斜纹夜蛾 1 年发生 4~9 代，长江流域地区 1 年发生 5~6 代，福建地区 1 年发生 7~9 代，在广西、广东、福建、台湾等地区终年发生，无越冬现象。长江流域多在 7~8 月大量发生，黄河流域多在 8~9 月大量发生。通常每头雌蛾可产卵 500 粒左右，最多可达 3000 粒，卵呈块状。初孵幼虫群集在卵块附近将寄主叶片表皮取食成筛网状，不怕光，稍遇惊扰就四处爬散或吐丝飘散。2 龄后开始分散危害，4 龄后进入暴食期，常将寄主叶片吃光，仅留主脉。幼虫畏光，晴天躲在阴暗处或土缝里，傍晚出来取食，至黎明又躲起来；老熟幼虫入土化蛹。成虫昼伏夜出，飞翔力强，对光、糖醋液、发酵物等有较强的趋性。羽化后的成虫多在开花植物上取食花蜜补充营养，然后才能交尾产卵。

防治方法

1）清除杂草，收获后翻耕晒土或灌水，以破坏或恶化其化蛹场所，有助于减少虫源。

2）诱杀成虫。利用成虫的趋光性和趋化性，可用黑光灯或糖醋液进行诱杀。

3）生物防治。使用斜纹夜蛾核型多角体病毒 200 亿 PIB/ 克水分散粒剂 12000~15000 倍液喷施。

4）药剂防治。必须在幼虫低龄期用药，赶在暴食期之前将其杀灭。由于幼虫白天不出来活动，故喷药宜在傍晚进行。常用药剂有 5% 灭幼脲乳油 1000 倍液、5% 氟虫脲乳油 1000 倍液、15% 茚虫威悬浮剂 4000 倍液、奥绿 1 号悬浮剂 1000 倍液或 24% 美满悬浮剂 2000 倍液等。

棉铃虫

分布与危害 棉铃虫属鳞翅目、夜蛾科，我国棉区和蔬菜种植区均有发生，黄河流域棉区，长江流域棉区受害较重，近年来新疆棉区也时有发生。

症状 棉铃虫主要以幼虫蛀食花蕾、花、幼果等。初孵幼虫啃食嫩叶尖及幼花蕾。2~3 龄时吐丝下垂转株危害，蛀食蕾、花、幼果。幼果受害后易脱落、易腐烂，蛀孔多在果蒂部（图 3-62）。

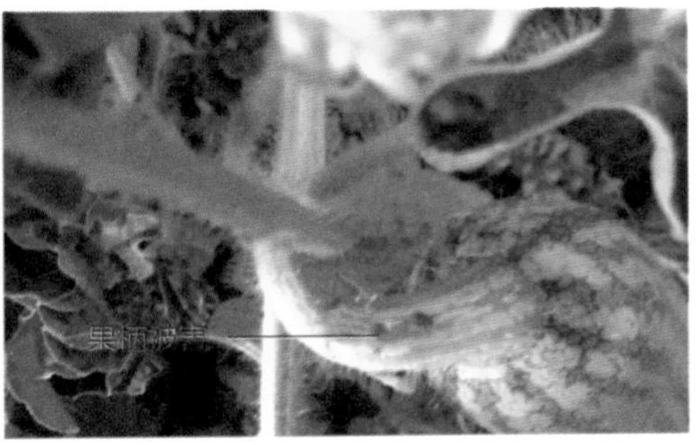

图 3–62 棉铃虫危害幼果症状

形态特征 1）卵（图 3–63）。近半球形，底部较平，高 0.51~0.55 毫米，直径为 0.44~0.48 毫米，顶部微隆起。初产时为乳白色或浅绿色，逐渐变为黄色，孵化前为紫褐色。卵表面可见纵横纹，其中伸达卵孔的纵棱有 11~13 条，纵棱有 2 岔和 3 岔到达底部，通常有 26~29 条。

2）幼虫（图 3–64）。老熟幼虫长 40~50 毫米，初孵幼虫为青灰色，以后体色多变，分 4 个类型：①体色浅红，背线、亚背线为褐色，气门线为白色，毛突为黑色；②体色黄白，背线、亚背线为浅绿色，气门线为白色，毛突与体色相同；③体色浅绿，背线、亚背线不明显，气门线为白色，毛突与体色相同；④体色深绿，背线、亚背线不太明显，气门线为浅黄色。头部为黄色，有褐色网状斑纹。虫体各体节有毛片 12 个，前胸侧毛组的 L1 毛和 L2 毛的连线通过气门，或至少与气门下缘相切（区别于烟夜蛾）。体表密生长而尖的小刺。

图 3–63 棉铃虫卵

图 3–64 棉铃虫幼虫

3）蛹（图 3–65）。长 13~23.8 毫米、宽 4.2~6.5 毫米，纺锤形，赤褐色至黑褐色，腹末有 1 对臀刺，刺的基部分开。气门较大，围孔片呈筒状突起、较高，腹部第 5~7 节的背面和腹面的前缘有 7~8 排较稀疏的半圆形刻点（烟青虫的气孔小，刺的基部合拢，围孔片不高，第 5~7 节点刻细密，有的为半圆形，也有的为圆形）。入土 5~15 厘米化蛹，外被土茧。

4）成虫（图 3–66）。体长 15~20 毫米，翅展 27~38 毫米；雌蛾为赤褐色，雄蛾为灰绿色；前翅翅尖突伸，外缘较直，斑纹模糊不清，中横线由肾形斑下斜至翅后缘，外横线末端达肾形斑正下方，亚缘线锯齿较均匀；后翅为灰白色，脉纹为明显的褐色，沿外缘有黑褐色宽带，宽带中部 2 个灰白斑不靠外缘；前足胫节外侧有 1 个端刺；雄性生殖器的阳茎细长，末端内膜上有 1 个很小的倒刺。

图 3–65　棉铃虫蛹

图 3–66　棉铃虫成虫

发生规律　棉铃虫在内蒙古、新疆地区 1 年发生 3 代，华北地区 1 年发生 4 代，长江流域以南地区 1 年发生 5~7 代，以蛹在土中越冬，第二年春季气温达 15℃以上时开始羽化。华北地区在 4 月中下旬开始羽化，5 月上中旬进入羽化盛期，第一代卵见于 4 月下旬 ~5 月底，第一代成虫见于 6 月初 ~7 月初，6 月中旬为盛期，7 月为第二代幼虫危害盛期，7 月下旬进入第二代成虫羽化和产卵盛期，第四代卵见于 8 月下旬 ~9 月上旬，所孵幼虫于 10 月上中旬老熟入土化蛹越冬。第一代主要在麦类、豌豆、苜蓿等早春作物上危害，第二、三代危害棉花，第三、四代危害番茄、瓜果类等蔬菜。成虫昼伏夜出，对黑光灯趋性强，萎蔫的杨柳枝对成虫有诱集作用，卵散产在嫩叶或果实上，每头雌成虫可产卵 100~200 粒，多的可达千余粒。产卵期历时 7~13 天，卵期 3~4 天，孵化后先食卵壳，蜕皮后先吃皮，低龄虫食嫩叶，2 龄后蛀果，蛀孔较大，外有虫粪，有转移习性，幼虫期 15~22 天，共 6 龄。老熟后入土，于 3~9 厘米处化蛹，蛹期 8~10 天。该虫喜温喜湿，成虫产卵适温为 23℃以上，20℃以下很少产卵，幼虫发育以 25~28℃和相对湿度 75%~90% 最为适宜。北方湿度条件对其影响更为明显，月降雨量高于 100 毫米、相对湿度在 70% 以上时危害严重。

● 防治方法

1）耕地灭蛹。冬季深翻冬灌，破坏蛹室，结合冬灌，可使越冬蛹窒息死亡。西瓜采收后及时中耕灭茬，可降低成虫的羽化率，减少越冬虫口基数。

2）诱杀成虫。利用棉铃虫成虫对杨树叶挥发物具有趋性和白天在杨树枝内隐藏的特点，在成虫羽化、产卵时，于田间摆放杨树枝诱集成虫。

3）黑光灯诱杀。结合棉铃虫成虫夜间趋光性，用高压汞灯、频振式杀虫灯、黑（紫）光灯等诱杀成虫。

4）生物防治。棉铃虫产卵期释放其寄生性天敌赤眼蜂，或喷洒苏云金芽孢杆菌等制剂，可抑制棉铃虫卵孵化。进入花期以后，此阶段蜜蜂和天敌生物活动旺盛，为了不影响正常的授粉坐果，棉铃虫防治应以生物农药为主，可用甘蓝夜蛾核型多角体病毒 50~60 毫升 / 亩，或 16000 国际单位 / 毫克苏云金杆菌可湿性粉剂 400~800 倍液等药剂。

5）化学防治。在卵孵化盛期到 2 龄幼虫尚未蛀果时施药，可选用 24% 甲氧虫酰肼悬浮剂 2000 倍液、10% 阿维 · 甲虫肼悬浮剂 1000~1500 倍液、15% 茚虫威悬浮剂 3500~4000 倍液、48% 乐斯本乳油 1000 倍液、10% 甲维 · 茚虫威悬浮剂 3000~4000 倍液或 Bt 乳剂 250 倍液等药剂进行喷雾防治。

烟夜蛾

分布与危害 烟夜蛾，又名烟青虫，属鳞翅目、夜蛾科害虫，分布在华北、华中、华东及全国大部分烟叶、蔬菜田，在新疆、西藏等地区也有发生，主要危害烟草、棉花、辣椒、西瓜、番茄、马铃薯、玉米、大豆、豌豆等 70 余种植物，是一种重要害虫。

症状 烟夜蛾以幼虫钻蛀花蕾、嫩芽和取食叶片。危害花蕾时，可将花瓣和雌蕊吃光，导致花蕾不能开花或脱落（图 3–67）；嫩芽受害后，便不能生长，叶片出现缺刻；果实受害后，造成幼果脱落和果实的商品性受损。

形态特征 1）卵（图 3–68）。扁球形，长 0.4~0.5 毫米，乳黄色，有明显的卵孔，卵壳上有网状纹。

图 3–67 烟夜蛾危害花朵症状

图 3–68 烟夜蛾卵

2）幼虫（图 3-69）。老熟幼虫体长 30~35 毫米，头部为黄色，有不规则的网状斑；气门片为褐色，身体上的小刺呈圆锥状小点。

3）蛹。体长 15~18 毫米，黄绿色至黄褐色；腹部末端各刺基部相连。

4）成虫（图 3-70）。体长 15~18 毫米，翅展 27~35 毫米；翅为黄褐色，前翅有明显的环状纹和肾状纹，内侧一线末端达肾状纹正下方，亚外缘呈锯齿形，在第二中脉处内弯；环状纹近圆形，中央有 1 个褐色圆斑；肾状纹为褐色圈，圈中有 1 个大型褐色斑；后翅外缘有褐色带，其内侧中部较向内凹，有黄褐色锯齿形纹。

图 3-69 烟夜蛾幼虫

图 3-70 烟夜蛾成虫

发生规律 1年发生2~6代，随不同西瓜产区的温度条件改变而改变。成虫有趋光性，羽化后当晚交尾，第二天产卵，一般将卵产在嫩叶表皮下、叶脉内，后期产在萼片和果上。幼虫于 5~6 月开始危害，昼伏夜出，有假死和转移危害的习性，一直危害到 10 月下旬。幼虫老熟后入土吐丝结泥土并化蛹其中。该虫喜温暖湿润的环境，发育历经卵期 3~4 天、幼虫期 11~25 天、蛹期 10~17 天、成虫期 5~7 天。

防治方法

1）冬季翻耕土壤，消灭其中的越冬虫蛹。

2）利用成虫的趋光性，每 50 亩悬挂 1 盏黑光灯，可诱捕成虫。

3）药剂防治。尽量选择在低龄幼虫期进行，此时虫口密度小，危害小，且虫的抗药性相对较弱。可选用 20% 氯虫苯甲酰胺悬浮剂 1000 倍液、5.7% 甲维盐乳油 2000 倍液或 20% 虫酰肼悬浮剂 1500 倍液等药剂，视虫情每隔 7 天喷 1 次，连喷 2~3 次。为提高防治效果，延缓抗药性，应注意可轮换用药。

甜菜夜蛾

分布与危害 甜菜夜蛾，别名夜盗蛾、菜褐夜蛾、玉米夜蛾等，属鳞翅目、夜蛾科，是一种间歇性发生的暴食性、杂食性害虫，分布很广，在我国华北、长江流域、华南等地区危害严重。

症状 甜菜夜蛾以幼虫危害为主。初孵幼虫群集在西瓜叶背，吐丝结网，取食叶肉，留下表皮，呈透明小孔。3 龄后分散危害，将叶片吃成孔洞或缺刻，严重时吃光叶片，仅剩叶脉和叶柄（图 3–71）。

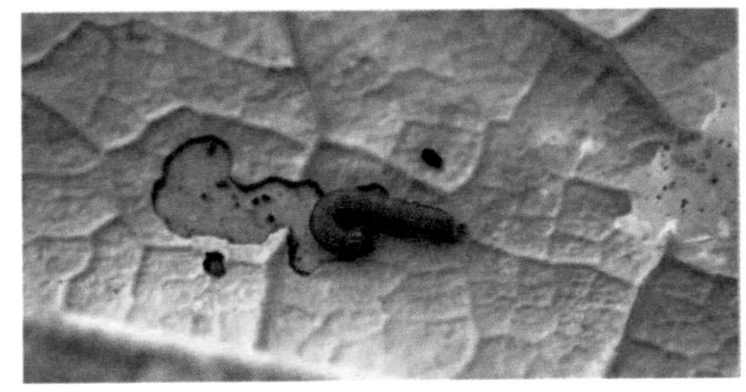

图 3–71　甜菜夜蛾危害叶片症状

形态特征 1）卵（图 3–72）。圆馒头形，白色，直径为 0.2~0.3 毫米，所产卵呈块状，表面有白色鳞片状覆盖物，卵块可有 1~3 层卵重叠。

2）幼虫（图 3–73）。老熟幼虫体长 22~28 毫米，体色有绿色、暗绿色、黄褐色、褐色至黑褐色，变化很大，不同体色的幼虫胴部有不同颜色的背线，也有的无背线。较明显的特征为：气门下线有明显的黄白色纵带，有时带粉红色；纵带的末端直达腹末，不弯到臀足上去（甘蓝夜蛾幼虫的气门下线通到臀足上）；每个体节的气门后上方各有 1 个明显的白点，体色为绿色的幼虫最明显。

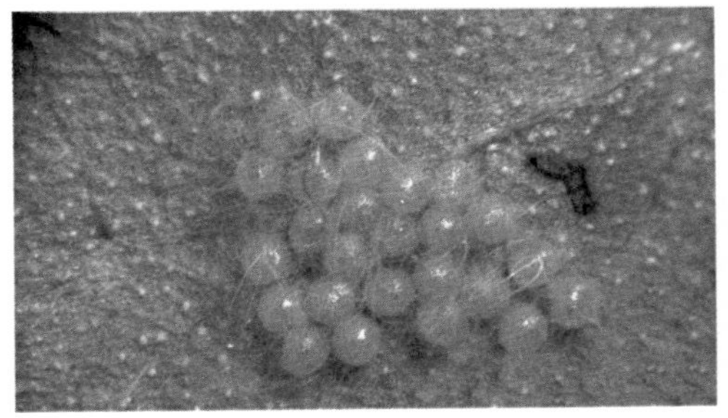

图 3–72　甜菜夜蛾卵

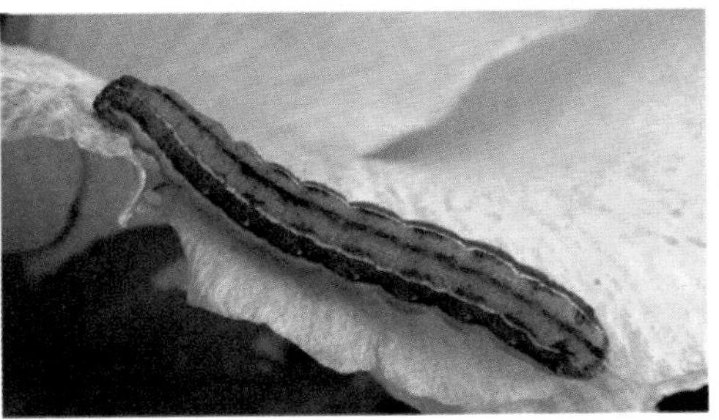

图 3–73　甜菜夜蛾幼虫

3）蛹（图 3–74）。体长 8~12 毫米、宽 2.5~4 毫米，黄褐色，中胸气门为深褐色，位于前胸后缘，显著向外突出，从腹面正视，可清楚地看到外突部分；臀棘上有 2 根刚毛，臀棘的腹面基部也有极短的 2 根刚毛。

4）成虫（图 3–75）。体长 10~14 毫米，翅展 25~33 毫米，灰褐色，少数为深灰褐色；前翅内横线、亚外缘线均为灰白色，亚外缘线较细，外缘有 1 列黑色的三角斑；前翅中央近前缘外侧有肾形纹 1 个，内侧有环形纹 1 个，肾形纹为环形纹的 1.5~2 倍，土红色；后翅为灰白色，略带粉红色，翅缘为灰褐色。雄成蛾抱器瓣宽，端部窄，抱钩长棘形，阳茎有 1 个长棘形角状器。

图 3-74 甜菜夜蛾蛹

图 3-75 甜菜夜蛾成虫

发生规律 华北地区 1 年发生 3~4 代，长江流域 1 年发生 5~6 代，世代重叠严重，以蛹在 7~10 厘米土壤中滞育越冬，华南地区无越冬现象。成虫白天躲在杂草及作物的隐蔽处，夜间出来活动，以 20 : 00~23 : 00 活动最盛，有趋光性。产卵前期 3~5 天，每头雌虫可产卵 5 块左右（100~600 粒），产卵期 3~5 天。幼虫共 5 龄，高龄幼虫体长 24~28 毫米，初孵幼虫一般在叶背取食，稍大后分散，3 龄后进入暴食期，抗药性增强，幼虫有假死性，虫口密度过大时，会自相残杀，白天常潜伏在土缝、土壤表层或植物基部及心叶中。

● 防治方法

1）清除田间、路边、沟边杂草，结合田间作业，摘除卵块和低龄幼虫群集取食的被害叶，可大大减轻虫口基数。

2）诱杀成虫。可采用安装频振式杀虫灯或性诱剂来诱杀成虫。

3）药剂防治。第 3~5 代是甜菜夜蛾防治的关键，在防治上要抓住低龄幼虫抗药性弱和群体取食的有利时机，在田间卵孵至 1~2 龄高峰期用药，每亩用 24% 甲氧虫酰肼悬浮剂 15~20 毫升，兑水 45~60 千克，均匀喷雾；或每亩用 10% 四氯虫酰胺悬浮剂 50 毫升，兑水 40 千克。用药后 4 天，对甜菜夜蛾的防效仍在 90% 以上。药剂一般选择在傍晚喷施，喷足喷匀，叶片正反面均应喷到。发生严重时可用 20% 悬浮剂 1000~2500 倍液、3% 甲维盐悬浮剂 2000 倍液 +20% 虫酰肼 1500 倍液、20% 氯虫苯甲酰胺悬浮剂 2000 倍液、3% 甲维盐悬浮剂 +15% 茚虫威悬浮剂 1000 倍液，或 30% 虫螨腈悬浮剂 1000 倍液 +3.2% 甲维盐 · 氯氰乳油 2000 倍液等药剂进行喷雾防治。

第四章

西瓜各生育期病虫害综合防治技术

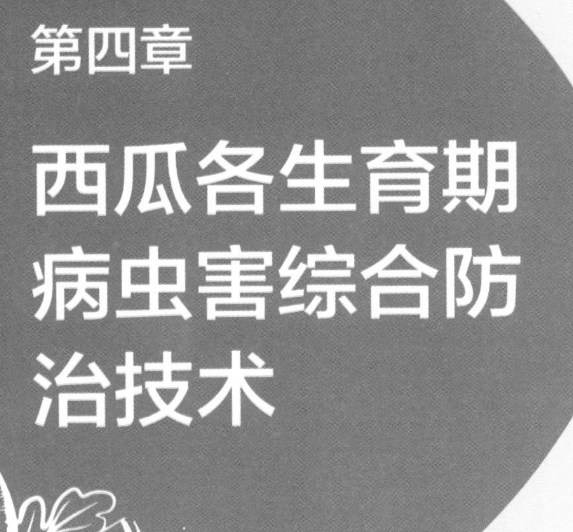

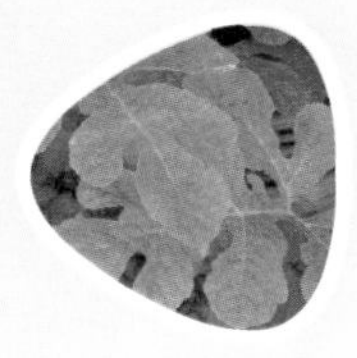

西瓜播种育苗期病虫害综合防治技术

西瓜从播种到定植，称为苗期，一般需要 30~50 天，培育优质壮苗是西瓜获得高产的前提。此期应重点防治猝倒病、疫病、枯萎病、炭疽病等病害，还要注意防治蚜虫、小地老虎等虫害。苗期病害要以预防为主，防治结合。

此期以防治猝倒病为主，兼防炭疽病、枯萎病和蚜虫等病虫害，重点做好以下几点。

1）苗床选择。育苗床要选择背风向阳，交通便利，多年未种植过瓜菜的地方，早春有条件的最好采用火道或电热线加温育苗。

2）营养土配制。育苗营养土最好选用基质，以减少土壤内的病原菌感染；也可用充分腐熟的优质有机肥与疏松田土按 4∶6 混合均匀，每立方米基质内加入充分腐熟的鸡粪 15 千克、过磷酸钙 1.5 千克、草木灰 50 千克，或混入三元复合肥（15-15-15）1.5 千克。为了预防苗期猝倒病、立枯病、疫病的发生，在每立方米基质中还应加入 99% 噁霉灵原粉 15 克或 70% 敌磺钠可溶性粉剂 200 克。还可用 50% 多菌灵可湿性粉剂 50 克 / 米 ^{3}+25% 甲霜灵可湿性粉剂 100 克 / 米 ^{3}+50% 福美双可湿性粉剂 100 克 / 米 ^{3}，兑水适量，混匀后喷淋在基质上，用薄膜覆盖 48 小时，然后装入营养钵中备用。或采用福尔马林消毒，在播种 2 周前进行，每立方米用 100 毫升福尔马林，加水 2~4 千克，喷浇在基质上，用塑料膜覆盖 4~5 天，除去覆盖物、摊开，2 周后播种。

3）种子处理。播种前，先将种子在席子上晾晒 3~5 天，再用温水浸种 6~8 小时。浸种时也可以与药剂浸种相结合，可用 40% 福尔马林溶液 100 倍液浸种 20~30 分钟，也可用 23% 吡虫・咯・苯甲悬浮种衣剂按照药种比 1∶200 进行种子包衣，并将包衣后的种子放在阴凉处晾干。

4）加强苗床管理。高湿是诱发猝倒病的主要因素，因此，苗期严防大水漫灌，确需补水时 ，可选择晴天上午用 2.5% 咯菌腈悬浮种衣剂 2000 倍液浇灌苗床，并注意给苗床及时通风排湿。

5）药剂防治。出苗后至露心前重点防治猝倒病、苗期疫病等，可选用下列药剂进行防治。发病前，在西瓜出齐苗后，可选用 69% 烯酰・锰锌可湿性粉剂 800~1000 倍液、72.2% 霜霉威水剂 500~800 倍液 +75% 百菌清可湿性粉剂 600 倍液、3% 噁霉・甲霜水剂 600~800 倍液 +70% 代森锰锌可湿性粉剂 800 倍液、70% 噁霉灵可湿性粉剂 2000~3000 倍液 +70% 代森联干悬浮剂 800 倍液、72% 霜脲・锰锌可湿性粉剂 600~800 倍液、53% 精甲霜・锰锌水分散粒剂 600~800 倍液或 70% 丙森锌可湿性粉剂 700 倍液等药剂进行喷雾防治。

在幼苗 2~4 叶期继续防治疫病，此时蔓枯病会有零星发生，细菌性叶斑病也开始危害，可选用 70% 甲基硫菌灵可湿性粉剂 600~800 倍液 +60% 琥铜・乙铝・锌可湿性粉剂 500~700 倍液 +75% 百菌清可湿性粉剂 600 倍液、50% 异菌脲可湿性粉剂 1000 倍液 +3% 中生菌素可湿性粉剂 600~800 倍液 +70% 代森锰锌可湿性粉剂 700 倍液、25% 嘧菌酯悬浮剂 1500~2500 倍液 +72% 农用硫酸链霉素可溶性粉剂 3000~4000 倍液、20% 丙硫多菌灵悬浮剂 2500 倍液 +88% 水合霉素可溶性粉剂 1500~2000 倍液 +70% 代森联干悬浮剂 800 倍液或 32.5% 嘧菌酯・百菌清悬浮剂 1500~2000 倍液 +88% 水合霉素可溶性粉剂 1500~2000 倍液进行喷雾防治，视病情每隔 7~10 天防治 1 次。发病严重时也可用上述药剂涂抹病部，效果也较好。

这一时期还应加强采取防冻措施，防止瓜苗受冻害，确保瓜苗正常生长。晴好天气及时通风透光；降雪天气要及时清除大棚上的积雪，确保大棚安全。

西瓜伸蔓期病虫害综合防治技术

西瓜定植缓苗后即进入营养生长阶段，幼苗团棵至坐瓜节位雌花（通常为主蔓第二朵雌花）开放为伸蔓期，也称为孕蕾期或甩条发棵期。一般在 20~25℃条件下，需 20~25 天。团棵后地上部营养器官开始旺盛生长，茎蔓迅速伸长，叶数逐渐增加，叶面积扩大，孕蕾开花，侧芽萌发形成侧蔓，株冠扩大开始匍匐生长，根系继续旺盛生长，分布体积和根量急剧增长。表明西瓜进入伸蔓期的生长发育特点是同化器官和吸收器官急剧增长，生殖器官初步形成，已为转入生殖发育奠定了物质基础。

伸蔓期的田间管理进入关键阶段，要做好促控相结合，调整好植株营养生长与生殖生长间的平衡关系，既要建立强大的营养体系，又要防止茎叶生长过盛而出现“疯秧”，特别是生长势强的品种更应注意控秧，避免由于生长过于旺盛而降低坐瓜率。

伸蔓期也是病虫害的高发期。此时主要病害有蔓枯病、病毒病、疫病、炭疽病、枯萎病、细菌性叶斑病和根腐病等，主要虫害有蚜虫、蓟马、红蜘蛛等，还有缺硼、粗蔓裂藤、高温烫伤、植株矮化缩叶黄叶、瓜蔓叶萎蔫、瓜蔓顶端变色等。

蔓枯病是目前西瓜生产上的主要病害，一般在西瓜伸蔓期开始发病，此时也最容易防治。发病初期，选用10%苯醚甲环唑水分散粒剂1500倍液、3%噁霉甲霜水剂600~800倍液、70%甲基硫菌灵可湿性粉剂800倍液或5%水杨菌胺可湿性粉剂700倍液等药剂进行喷雾，即可有效控制蔓枯病的继续发展。发病严重时，可结合防治炭疽病、叶枯病等病害，选用20%苯甲咪鲜胺微乳剂2500~3000倍液、20%硅唑咪鲜胺水乳剂2000倍液、25%嘧菌酯悬浮剂1500倍液或25%溴菌腈可湿性粉剂500倍液等药剂，对全株进行均匀喷雾。

露地栽培的西瓜，此时也进入病毒病的高发期，防治病毒病最简单有效的方法是提前做好蚜虫、烟粉虱、蓟马等传毒昆虫的防治工作。因此，定植移栽时，可用5%吡虫啉颗粒剂或4%噻虫嗪颗粒剂进行穴施，每亩2~3千克，即可达到预防传毒昆虫的效果；同时，可用5%氨基寡糖素水剂2000倍液或2%几丁聚糖水剂500倍液等药剂进行喷雾防治。发病严重时，可选用40.004%羟烯·吗啉胍可湿性粉剂500~700倍液、20%吗啉胍·乙酸铜可湿性粉剂160~250克或20%琥铜·吗啉胍可湿性粉剂150~250克，兑水30千克进行均匀喷雾，视病情每隔7~10天喷1次，连喷2~3次。

保护地栽培的西瓜，此时也进入了烟粉虱、白粉虱的危害盛期，可在发生初期，选用24%螺虫乙酯悬浮剂4000倍液、10%烯啶虫胺水剂3000倍液或25%噻虫嗪可湿性粉剂2000倍液等药剂进行均匀喷雾。若为常年连作的地块，此时枯萎病也开始发病，一般嫁接栽培的发病相对较轻，常规苗栽培则进入发病盛期，应注意防治，可选用2%申嗪霉素水剂1000倍液、2%春雷霉素100~150倍液、8%嘧啶核苷类抗生素可湿性粉剂600~800倍液或24%络铜·柠铜水剂600~800倍液进行灌根。

西瓜开花结果期病虫害综合防治技术

西瓜开花结果期，是西瓜由营养生长向生殖生长转化的关键时期，也是管理最为关键的时期，做好这一阶段的各项管理工作，是确保西瓜优质、高产的关键。此期对温度、水分、养分等方面的要求最为严格，一旦出现问题，就会造成产量的巨大损失。

（1）水肥管理　施肥以“前促、中控、后重”为原则，水分则根据不同生理期的需求而定。抽蔓期至花期，既要保证植株生长对水分的需要，又要防止水分太多，造成徒长。在开花前至幼果期，可喷施磷酸二氢钾，提高坐果率，减少裂果、僵果、畸形果的发生率。

（2）人工授粉　西瓜是雌雄异花，在开花期，为提高坐果率，在授粉昆虫较少或花期遇阴雨低温天气的情况下，要进行人工授粉。也可以借助耐低温早熟品种的花粉进行人工辅助授粉。

（3）科学整枝留瓜　西瓜一般采用双蔓或三蔓整枝。双蔓整枝是除主蔓外，在主蔓基部选择一条健壮的侧蔓，其余侧蔓全部摘除。当幼果长至馒头大小时，果实开始迅速膨大，此时一般不再落果，要及时选择节位好、果形正的果实。双蔓或三蔓整枝，每株留 1 个果。

（4）做好病虫害防治　开花结果期气温逐渐回升，雨水增多，田间湿度大，各种病虫害也进入高发期。此期主要病害有炭疽病、疫病、蔓枯病、霜霉病、绵疫病、叶枯病、细菌性叶斑病和细菌性果腐病等，主要虫害有蚜虫、蓟马、温室白粉虱、美洲斑潜蝇、朱砂叶螨和黄守瓜等。此期重点防治病毒病，同时防治蚜虫、蓟马和温室白粉虱。

1）防治病毒病。发病前，可选用 5% 氨基寡糖素可溶性粉剂 600 倍液 +50% 烯啶虫胺可溶性粉剂 4000 倍液、5% 氨基寡糖素可溶性粉剂 600 倍液 +50% 吡蚜酮水分散粒剂 2000 倍液或用 6% 寡糖 · 链蛋白可湿性粉剂 800~1000 倍液 +50% 氟啶虫胺腈水分散粒剂 4000 倍液，3 种配方交替使用，每隔 10~15 天喷洒 1 次，每月喷洒 2~3 次，即可有效预防病毒病的发生，同时对蚜虫、蓟马、温室白粉虱和炭疽病等病虫害也有防治作用。发病初期，可选用 20% 盐酸吗啉胍 · 乙酸铜可湿性粉剂 500 倍液 + 硫酸锌 500 倍液 +0.01% 芸薹素内酯 2500 倍液、3.85% 三氮唑核苷 · 乙酸铜 · 硫酸锌水剂 500 倍液 + 脱脂奶粉 500 倍液、6% 阿泰灵 1000 倍液 + 磷酸二氢钾 500 倍液 + 芸苔素内酯 600 倍液或 30% 毒氟磷 800 倍液 +5% 辛菌氨醋酸盐 800 倍液 +5% 氨基寡糖素 600 倍液，适当添加硫酸锌和叶面肥可增加防治效果。以上配方交替使用，视病情每隔 7 天喷 1 次，连喷 3~4 次。

2）防治根结线虫病。可选用 48% 毒死蜱乳油 1500 倍液、50% 辛硫磷乳油 1000 倍液或 1.8% 阿维菌素乳油 1000 倍液，每株灌 250 毫升，视病情隔 7~10 天灌 1 次。也可用 41.7% 氟吡菌酰胺悬浮剂 15000~20000 倍液灌根，既能有效控制根结线虫病的危害，还可以有效防治炭疽病、蔓枯病等病害。

3）防治疫病。可选用 56% 嘧菌百菌清悬浮剂 2000 倍液、30% 烯酰甲霜灵水分散粒剂 1500 倍液、36% 霜脲 · 百菌清悬浮剂 1000 倍液或 76% 丙森 · 霜脲氰可湿性粉剂 1000 倍液等药剂进行喷雾防治，视病情，每隔 7 天喷 1 次，还可兼防蔓枯病和霜霉病的发生。

西瓜果实发育期病虫害综合防治技术

西瓜果实发育期是从西瓜褪毛开始到定个为止，一般早熟品种 13~15 天，晚熟品种 20~25 天。这个时期西瓜以果实生长为中心，营养生长缓慢，植株总生长量达最大值，以果重增长为主，是果实生长最快时期，也是决定产量的关键时期。此期应注意水肥的平衡供应，不可忽大忽小，以免产生裂瓜、畸形瓜。

该时期西瓜病虫害进入危害盛期，主要病害有枯萎病、白粉病、炭疽病、叶枯病、霜霉病和裂瓜等，要特别加强对瓜绢螟、美洲斑潜蝇和温室白粉虱等害虫的防治。

1）防治瓜绢螟、美洲斑潜蝇。可选用 5% 丁烯氟虫腈乳油 1000~2000 倍液、200 克 / 升氯虫苯甲酰胺悬浮剂 2500~4000 倍液、5% 丁烯氟虫腈悬浮剂 2500~4000 倍液、20% 虫酰肼悬浮剂 1500~3000 倍液、15% 茚虫威悬浮剂 3000~4000 倍液、5% 氟啶脲乳油 1000~2000 倍液、10% 溴虫腈悬浮剂 1000~2000 倍液、5% 氟虫脲乳油 2000~3000 倍液或 8000 国际单位 / 毫克 Bt 可湿性粉剂 1000~1500 倍液等药剂进行喷雾防治，同时还可兼防温室白粉虱、烟粉虱等害虫。

2）防治细菌性果腐病和叶枯病。可选用 50% 氯溴异氰尿酸可溶性粉剂 1500 倍液、36% 三氯异氰尿酸可湿性粉剂 1000 倍液、60% 琥珀乙磷铝可湿性粉剂 500 倍液、47% 春雷 · 王铜可湿性粉剂 700 倍液或 77% 氢氧化铜可湿性粉剂 800 倍液等药剂进行喷雾防治。

参考文献

[1] 张玉聚,李洪连,张振臣,等. 中国果树病虫害原色图解[M]. 北京: 中国农业科学技术出版社, 2010.

[2] 张玉聚, 鲁传涛, 封洪强, 等. 中国植保技术原色图解[M]. 北京: 中国农业科学技术出版社, 1999.

[3] 袁培祥，杨超，王志红. 农业病虫害防治技术（蔬菜）[M]. 北京：中国农业科学技术出版社，2013.

[4] 杨超，袁培祥. 农业实用技术简明教程 [M]. 北京：中国农业科学技术出版社，2011.

索　引